全国高职高专教育土建类专业教学指导委员会规划推荐教材
浙江省高校重点建设教材
浙江省省级建设精品课程
本教材编审委员会组织编写

建筑装饰构造
（建筑装饰工程技术专业适用）

王玉靖 主编
季 翔 主审

中国建筑工业出版社

图书在版编目（CIP）数据

建筑装饰构造／王玉靖主编．—北京：中国建筑工业出版社，2011.9
（全国高职高专教育土建类专业教学指导委员会规划推荐教材．浙江省高校重点建设教材．浙江省省级建设精品课程．建筑装饰工程技术专业适用）

ISBN 978-7-112-13574-5

Ⅰ.①建… Ⅱ.①王… Ⅲ.①建筑装饰-建筑构造 Ⅳ.① TU767

中国版本图书馆CIP数据核字（2011）第188057号

责任编辑：朱首明　杨　虹
责任设计：张　虹
责任校对：张　颖　刘　钰

全国高职高专教育土建类专业教学指导委员会规划推荐教材
浙江省高校重点建设教材　浙江省省级建设精品课程

建筑装饰构造
（建筑装饰工程技术专业适用）
本教材编审委员会组织编写
王玉靖　主编
季　翔　主审

*

中国建筑工业出版社出版、发行（北京西郊百万庄）
各地新华书店、建筑书店经销
北京嘉泰利德公司制版
廊坊市海涛印刷有限公司印刷

*

开本：787×1092毫米　1/16　印张：12　字数：300千字
2011年9月第一版　2014年1月第二次印刷
定价：30.00元
ISBN 978-7-112-13574-5
（21350）

版权所有　翻印必究
如有印装质量问题，可寄本社退换
（邮政编码 100037）

前　言

　　本教材是浙江省高校重点建设教材之一。符合高职高专建筑装饰类专业人才培养目标及教学要求，立足基于工作过程的项目课程教学，打破传统的理论教材体系，围绕项目课程组织教材内容，理论知识与项目实训一体化，既体现理论内容的指导，又在实训中理解掌握理论内容，开创建筑装饰构造项目课程教材先例。

　　本教材的特色主要是在工学结合的教学模式下，按照建筑装饰行业室内设计岗位能力要求设置教学内容，把工作任务中的施工图设计任务分解为课程中的项目，围绕各项目组织教材内容，从理论到实训、由易到难、由简到繁，逐步培养学生建筑装饰施工图的设计能力，并在教学过程中提高学生的施工图识读能力，具备施工图的审核分析能力。

　　主要特色：

　　1. 突出实训　按照工学结合的教学模式引入实训内容，与校内外实训基地紧密结合，与实际装饰工程紧密结合；

　　2. 学做结合　围绕基于工作过程的项目课程教学组织教材内容，是紧贴项目课程实训要求的理论实训一体化教材；

　　3. 教材与资料结合　实际工程典型建筑装饰施工图实例，既可以作为学生实训资料，也可以作为学生工作后的参考资料。

　　教材内容选取依据室内设计的主要装饰面——地面、墙面、顶棚来设置，在课程开始设置第一章建筑装饰构造概述引领学生了解所学内容，对课程的学习目标和学习方法有一个总体认识。后续章节围绕项目课程中的地面、墙面、顶棚装饰构造编写与工程项目相结合的理论知识内容，并设置思考题、实训项目，根据各章节对应的课程能力要求进行项目课程设计实训，使学生在"学中做，做中学"，把理论与实践紧密结合。

　　在教材的最后章节设置建筑装饰施工图实例解读，进行项目课程建筑装饰构造综合实训——建筑装饰施工图设计，与室内设计任务紧密结合，体现真实的工作情景，实现最终目标：培养学生室内设计工作岗位能力——建筑装饰施工图设计能力，从而达到适应建筑装饰室内设计行业岗位能力要求的目标。

　　教材结合建筑装饰内容的系统性，设置门窗、楼梯等章节，结合理论内容设置思考题、实训项目，供其他使用该教材的院校根据各课程情况选用，也可作为学生进行项目课程建筑装饰构造综合实训时的参考教材，培养学生的自学能力和创新设计能力。

　　本书由浙江工商职业技术学院王玉靖担任主编，浙江工商职业技术学院刘德来、盛青、浙大宁波理工大学周璟璟、宁波市富华建筑装饰工程有限公司资深设计师吴宗勋参编。

  本书在编写过程中,参考了许多同类教材、专著,引用了一些实际工程中的构造节点、装饰设计实例,在此表示感谢。

  本书是高职高专课程建设过程中对建筑装饰构造课程内容进行改革与研究的尝试与探索,鉴于经验不足和水平所限,难免有不妥之处,望广大师生和读者在使用过程中给予指正,并提出建设性意见,以便于我们进一步修订完善。

编者

目 录

第一章　建筑装饰构造概述···1
　　第一节　建筑装饰构造及相关概念·······································2
　　第二节　建筑装饰的功能和分类···2
　　第三节　学习本课程的方法··7
　　思考题··10
　　实训项目——认识参观··11

第二章　楼地面装饰构造···12
　　第一节　楼地面概述··15
　　第二节　常用楼地面装饰构造··18
　　第三节　楼地面特殊部位装饰构造····································29
　　第四节　特种楼地面装饰构造··32
　　第五节　楼地面装饰构造设计指导····································38
　　思考题··41
　　实训项目··41

第三章　墙柱面装饰构造···42
　　第一节　墙柱面概述··45
　　第二节　隔墙及柱子装饰构造··46
　　第三节　抹灰类墙面装饰构造··53
　　第四节　贴面类墙面装饰构造··55
　　第五节　涂刷类墙面装饰构造··58
　　第六节　裱糊类墙面装饰构造··60
　　第七节　镶板类墙面装饰构造··60
　　第八节　软包类墙面装饰构造··62
　　第九节　墙面装饰构造设计指导·······································65
　　思考题··66
　　实训项目··66

第四章　顶棚装饰构造··68
　　第一节　顶棚装饰概述···72
　　第二节　直接式顶棚装饰构造··75
　　第三节　悬吊式顶棚装饰构造··78

第四节　顶棚特殊部位装饰构造……………………………………… 90
　　　第五节　顶棚装饰构造设计指导………………………………………… 95
　　　思考题 …………………………………………………………………… 96
　　　实训项目 ………………………………………………………………… 97

第五章　门窗装饰构造……………………………………………………………… 98
　　　第一节　门窗概述……………………………………………………… 101
　　　第二节　木门窗装饰构造……………………………………………… 106
　　　第三节　铝合金、塑钢门窗装饰构造………………………………… 114
　　　第四节　转门装饰构造………………………………………………… 117
　　　第五节　门窗装饰构造设计指导……………………………………… 119
　　　思考题 ………………………………………………………………… 119
　　　实训项目 ……………………………………………………………… 119

第六章　楼梯装饰构造…………………………………………………………… 121
　　　第一节　楼梯概述……………………………………………………… 123
　　　第二节　楼梯装饰构造………………………………………………… 127
　　　第三节　楼梯装饰构造设计指导……………………………………… 142
　　　思考题 ………………………………………………………………… 142
　　　实训项目 ……………………………………………………………… 143

第七章　建筑装饰构造综合实训………………………………………………… 144
　　　第一节　建筑装饰施工图实例解读…………………………………… 151
　　　第二节　建筑装饰施工图设计………………………………………… 154

主要参考文献……………………………………………………………………… 183

第一章 建筑装饰构造概述

第一节　建筑装饰构造及相关概念

一、建筑装饰构造的基本概念

建筑装饰是在已有的建筑主体上覆盖新表面的过程，是以美学原理为依据，以建筑装饰材料为物质基础，借助工程技术手段，按照建筑空间使用要求，对已有建筑空间进一步设计、改进，以弥补建筑空间不足之处，使其更具有个性，同时满足人们的视觉、触觉享受，并改善建筑物理性能，从而提高建筑空间的质量。

建筑装饰构造是实现建筑装饰设计的具体技术措施，是一门综合性的工程技术学科。建筑装饰构造与建筑、艺术、结构、材料、设备、施工、经济等方面密切配合，提供合理的装饰构造方案，是建筑装饰设计中综合技术方面的依据和实施建筑装饰设计的重要手段，同时也是装饰设计不可缺少的组成部分。

建筑装饰构造一般分为构造原理和构造做法两大部分。构造原理是构造设计的理论和经验，构造做法是结合客观实际确定的一个切合实际的、能实施的构造设计方案。构造原理体现在构造做法中，构造做法在构造原理的指导下进行。

二、建筑装饰构造的工程实践意义

建筑装饰对建筑空间形象及环境氛围的烘托具有十分重要的作用，同时也更好地满足了建筑使用功能的要求。建筑装饰工程所采用的构造方法细致而复杂多样，涉及的建筑装饰材料品种繁多，如何应用建筑装饰构造原理和建筑装饰构造做法设计节点详图，并确定所设计的节点详图是否与实际需要相吻合，最终指导工程实践，实现建筑装饰设计方案的意图，是学好建筑装饰构造的重要意义。

建筑装饰构造设计是方案设计构思转化为实际效果的技术手段。如果没有成熟的、切合实际的建筑装饰构造设计，即使有最好的设计构思、用最佳的装饰材料，也不可能构成完美的空间效果。建筑装饰构造设计应充分利用各种装饰材料的特性，结合现有的施工技术，用最低的成本、最有效的方法，达到设计构思所要表达的最优效果。

只有认真学习建筑装饰构造原理，掌握建筑装饰构造设计的基本方法和技能，在设计过程中不断总结设计经验、改进设计图纸中出现的问题、积极与实践工程相结合，才能不断提高建筑装饰构造设计的水平，掌握建筑装饰构造设计技能。

第二节　建筑装饰的功能和分类

一、建筑装饰构造的部位

建筑装饰工程涉及建筑室内外各个部位，包括建筑构件（柱子、楼梯等）

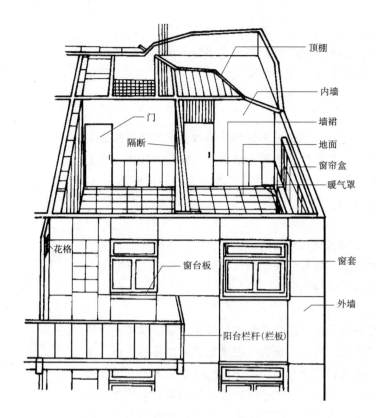

图 1-01 建筑物内外装饰部位内容示意图

在空间所形成的各个界面，如地面、墙面、顶棚等。建筑装饰构造的部位是由楼地面、内外墙面、顶棚、门窗、隔墙隔断、楼梯等组成。有的工程还包括阳台、雨篷、台阶、坡道等。图 1-01 为建筑物内外装饰部位内容示意图。

二、建筑装饰的功能

建筑装饰各部位均有不同的功能与作用：

1. 楼地面　楼地面是建筑物底层地坪和楼板层上的表面装饰层，它直接承受人和家具等荷载，并将荷载传递给楼板或地坪结构层。楼地面装饰应满足房间的隔声、耐磨、易清洁、防潮、防水和保温等使用功能要求。

2. 墙面、柱面、隔墙及隔断　墙面在室内空间的六个面中占据着四个面，同时正处在人们的正常视线范围内，因此，墙面装饰是建筑装饰的重点部位。墙面装饰具有保护墙体的作用，同时，还应具有调节声、光、热、防水等功能。隔墙装饰的功能与作用与墙体装饰相同，而隔断、柱子表面的装饰主要是起到装饰和点缀的作用。

3. 顶棚　顶棚是室内空间顶面及楼板层下部的表面装饰，顶棚装饰应具有隔声、保温隔热及反射等使用功能要求。

4. 门窗　门窗是建筑物中用于空间分隔的构件，门的主要作用是交通联系、采光和通风，窗的主要作用是采光和通风。在建筑装饰中，门窗装饰要根据房间的使用要求具备相应的保温、隔热、防火、隔声等功能。

5. 楼梯　楼梯是建筑物中的垂直交通构件，具有交通联系与安全疏散的功能，因此，楼梯装饰应考虑其防滑、防火及其他安全方面的问题。

三、建筑装饰构造的分类

建筑装饰构造一般可分为三类：一类是装饰面层直接覆盖于主体结构之上的饰面类装饰构造；一类是采用骨架结构将表面构造层与主体结构构件连接的结构类装饰构造；另一类是通过各种加工工艺，将装饰材料制成各种装饰制品，在现场组装或拼装的配件类装饰构造。

1. 饰面类装饰构造

饰面类装饰构造在装饰构造中占有相当大的比重。例如，墙体表面做装饰涂料、楼板下做抹灰面层、楼板上做地板砖等均属饰面类装饰构造。饰面类装饰构造主要是处理好面层与基层的连接问题。

（1）饰面方向对构造的影响

饰面类装饰构造的饰面是附着于主体结构构件的外表面，应根据构件外表面的方向采取相应的构造处理方法。比如，顶棚处在楼板或屋面板的下部，墙体饰面位于垂直墙体的两侧，因此，顶棚和墙面的饰面易脱落伤人，而地面面层铺设在结构层之上，就不易产生剥离脱落的情况，但磨损问题较为严重。因此，即使选用相同的材料，但由于饰面所处部位不同，构造处理也会不同，如大理石墙面要求采用钩挂式的构造方式，以保证连接安全可靠；而大理石地面由于处在结构的上层，采用铺贴式构造方式即可满足要求。各饰面部位及构造要求见表 1-01。

饰面部位及构造要求　　　　表 1-01

名称	部位	主要构造要求	饰面作用
顶棚	下位	防止剥落	顶棚对室内声音有反射或吸收的作用，对室内照明起反射作用，对屋顶有保温隔热及隔声的作用。此外，吊顶棚内可隐藏设备管线等
外墙面（柱面）内墙面（柱面）	侧位	防止剥落	外墙面有保护主体不受外界因素直接侵害的作用，要求耐气候、耐污染、易清洁等内墙面对声音有吸收或反射的作用，对光线有反射作用，要求不挂灰、易清洁、有良好的接触感，室内湿度大时应考虑防潮
楼地面	上位	耐磨损	楼地面是人体接触最频繁的面，要求有一定蓄热性能和行走舒适度，有良好的消声、隔声性能，且耐冲击、耐磨损，不起尘，易清洁。特殊用途地面还要求具有防水、耐酸、耐碱等性能

（2）饰面类装饰构造的分类

饰面类装饰构造根据材料的加工性能和饰面特点可以分为：罩面类、贴面类和钩挂类。各种构造类型的特点及要求见表1-02。

2. 结构类装饰构造

结构类装饰构造是将表面装饰构造层与建筑主体构件（主体结构或填充墙等）通过骨架连接在一起的构造形式。结构类装饰构造按骨架材料的不同可分为木结构、轻钢结构和铝合金结构等几种类型，根据受力特点的不同又可分为竖向支撑结构、水平悬挑结构和垂直悬挑结构等三种类型。见表1-03。

饰面构造类型的特点及要求 表1-02

类型		示意图形		构造特点
		墙面	地面	
罩面	涂料			将液态涂料喷涂固着成膜于材料表面。常用涂料有油漆及白灰、大白浆等水性涂料
	抹灰	找平层 饰面层		抹灰砂浆是由胶凝材料、细骨料和水（或其他溶液）拌合而成，常用的材料有石膏、白灰、水泥、镁质胶凝材料等，以及砂、细炉渣、石屑、陶瓷碎料、木屑、蛭石等骨料
贴面	铺面	打底层 找平层 粘接层 饰面层		各种面砖、缸砖、瓷砖等陶土制品，厚度小于12mm，规格尺寸繁多，为了加强黏结力，在背面开槽用水泥砂浆粘贴在墙体表面。地面可用20mm×20mm小瓷砖至600mm见方大型石板，用水泥砂浆铺贴
	粘贴	找平层 粘接层 饰面层		饰面材料呈薄片或卷材状，厚度在5mm以下，如粘贴于墙面的各种壁纸、玻璃布
	钉嵌	防潮层 不锈钢卡子 木螺钉 企口木墙板 木龙骨 射钉		饰面材料自重轻、厚度小、面积大，如木制品、石棉板、金属板、石膏、矿棉、玻璃等制品，可直接钉固于基层，或借助压条、嵌条、钉头等固定，也可用涂料粘贴
钩挂	扎结	φ6竖钢筋 绑扎铜丝或不锈钢丝 石材开槽孔 预埋φ6横钢筋		用于饰面厚度为20～30mm、面积约1m²的石料或人造石等，可在板材上方两侧钻小孔，用铜丝或镀锌钢丝将板材与结构层上的预埋件连接，板与结构间灌砂浆固定
	钩结	不锈钢钩 石材开槽 石材板		饰面材料厚40～150mm，常在结构层预砌。饰面块材上口可留槽口，用与结构固定的铁钩在槽内搭挂。用于花岗石、空心砖等饰面

结构类装饰构造的类型 表 1-03

类型名称	图形示意	结构材料	特 征
竖向支撑		钢、木、砖	多用于楼、地面装饰。中间层为支架结构，杆件主要承受面层传来的垂直压力。应注意结构骨架的整体稳定性
水平悬挑		钢、钢筋混凝土、木	多用于墙面及广告招牌等装饰。中间层为挑架结构，杆件有的承受拉力，有的承受压力，可发挥不同材料的性能。应注意连接牢固和整体稳定
垂直悬挑		钢、木	多用于顶棚装饰。中间层为吊架结构，主要承受拉力，可发挥钢材、木材等材料的性能。应注意间距合理，连接牢固

3. 配件类装饰构造

配件类装饰构造根据材料的加工性能和配件的成型方式分为塑造、铸造、加工制作与拼装等。

塑造是指对在常温常压下呈可塑状态的液态材料（如水泥、石膏等），经过一定的物理和化学变化过程的处理，凝结成具有一定强度和形状的固体（如水泥花格、石膏花饰等）。目前，常用的可塑材料有水泥、石膏、石灰等。

铸造是指将生铁、铜、铝等可熔金属材料，经熔化后铸造成各种花饰和零件，然后在现场进行安装。

加工与拼装是指对木材与木制品进行锯、刨、削、凿等加工处理后，通过粘接、钉接、榫接等方法拼装成各种装饰构件。一些人造材料如石膏板、碳化板、珍珠岩板等具有与木材相类似的加工性能与拼装性能。金属薄板如镀锌钢板等各种钢板具有剪、切、割的加工性能和焊接、钉接、卷接、铆接的拼装性能。此外，铝合金门窗和塑钢门窗也属于加工拼装的构件。

加工与拼装的构造做法在装饰工程中应用广泛，常见的拼装构造方法见表 1-04。

配件拼装构造方法 表 1-04

类别	名称	图形		说明
粘接	高分子胶		常用高分子胶有环氧树脂、聚氨酯、聚乙烯醇缩甲醛、聚乙酸乙烯等	水泥、白灰等胶凝材料价格便宜，做成砂浆应用最广。各种黏土、水泥制品多采用砂浆结合。有防水要求时，可用沥青、水玻璃等结合
	动物胶		如皮胶、骨胶、血胶等	
	植物胶		如橡胶、淀粉、叶胶等	
	其他		如沥青、水玻璃、水泥、白灰、石膏等	

续表

类别	名称	图形	说明
钉接	钉	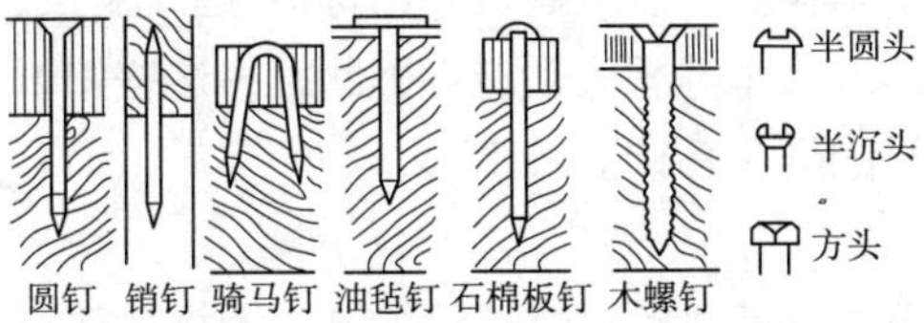 圆钉 销钉 骑马钉 油毡钉 石棉板钉 木螺钉 / 半圆头 半沉头 方头	钉结合多用于木制品、金属薄板等，以及石棉制品、石膏、白灰或塑料制品
钉接	螺栓	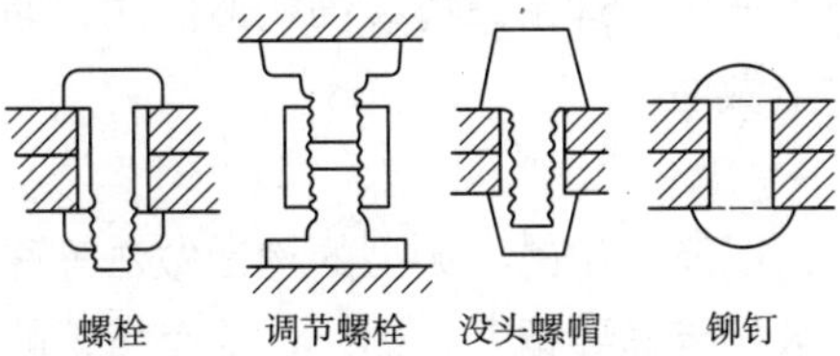 螺栓 调节螺栓 没头螺帽 铆钉	螺栓常用于结构及建筑构造，可用来固定、调节距离、松紧，其形式、规格、品种繁多
钉接	膨胀螺栓	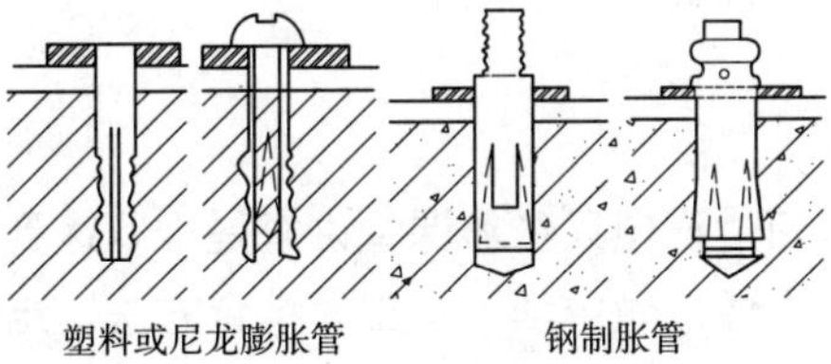 塑料或尼龙膨胀管 钢制胀管	膨胀螺栓可用来代替预埋件，构件上先打孔，放入膨胀螺栓，旋紧时膨胀固定
榫接	平对接	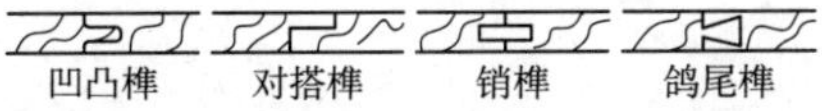 凹凸榫 对搭榫 销榫 鸽尾榫	榫接多用于木制品，但装修材料如塑料、碳化板、石膏板等也具有木材的可凿、可削、可锯、可钉的性能，也可适当采用
榫接	转角顶接	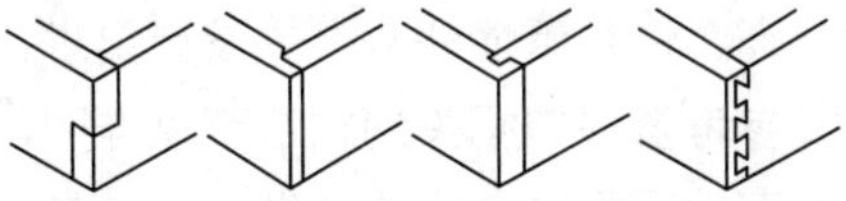	
其他	焊接	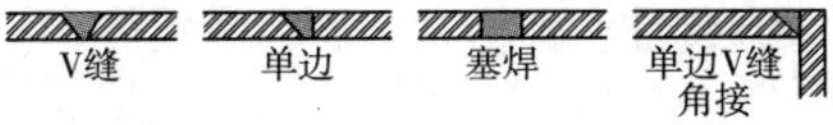 V缝 单边 塞焊 单边V缝角接	用于金属、塑料等可熔材料的结合
其他	卷口	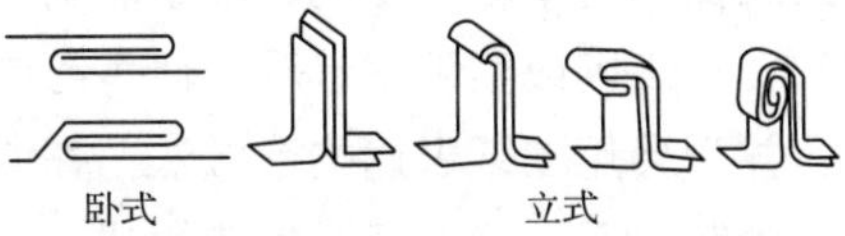 卧式 立式	用于薄钢板、铝皮、铜皮等的结合

第三节 学习本课程的方法

一、建筑装饰构造课程的特点

1. 实践性强

建筑装饰构造是来源于工程实践的具体构造做法，具有实践性强的特点，单纯的理论学习难以理解掌握建筑装饰构造的原理和方法，学习过程中必须参观建筑装饰施工现场或实训室内相关的构造做法，同时进行大量的构造设计实践，才能真正理解掌握建筑装饰构造原理和方法。

2. 综合性强

建筑装饰构造是一门综合性的技术学科。它涉及建筑装饰材料、建筑施工、建筑结构、建筑力学、建筑设备以及建筑艺术等相关领域。因此，将这些知识融会贯通，灵活运用，才能奠定本课程的学习基础。

3. 识图、绘图量大

建筑装饰构造节点详图最能直接表达各节点的具体构造做法，图纸是建筑装饰构造做法的语言，通过识读构造节点详图，理解掌握装饰构造做法，通过绘制构造节点详图来表达所要设计的构造做法。

4. 记忆量大

本课程内容涉及材料名称、专业术语以及常用的、典型的构造做法等许多名词概念，同时又有大量的基本尺寸、数据等需要记忆，因此，要有意识的归纳、区分、记忆，才能避免混淆，学好本课程。

二、建筑装饰构造的学习方法

建筑装饰构造课程实践性强，在学习过程中只依靠课堂讲解是难以达到课程目标要求的。学习本课程应采取"学中做、做中学"的工学结合方法，结合各章节内容进行装饰构造节点设计，学习者作为主动的参与者，变被动听课为主动学习。

1. 多看

拿到各设计实训项目任务书后，要认真、仔细看懂任务书的设计要求；结合项目要求，认真查阅教材和标准图集等参考资料中相关的构造节点详图，读懂、看会；到实习工地和装饰构造实训室实地观察各装饰构造做法，并与对应的装饰构造节点图相联系，进一步理解掌握装饰构造做法。

2. 多画

学习本课程的最好方法是多画。在查阅资料时要动手绘制、临摹装饰构造详图，以进一步弄懂、理解装饰构造做法；在工地或实训室参观时徒手绘制看到的构造做法，以加深构造做法的印象，并学会用图纸表达构造做法；在课程实训项目中运用工具线条图绘制图纸，在绘制中逐步掌握装饰构造做法。

3. 多想

在课程实训中结合设计要求，积极思考应采用哪种装饰构造做法，所采用的构造做法是否适合该项目，是否符合设计要求；要思考所设计的构造节点是否在实际工程中看到过，与实际工程中有没有差别；思考所设计的各构造节点之间的关系，与平面图、立面图、剖面图等之间的关系，以及是否表达清楚等问题。

4. 多问

建筑装饰构造综合性强，是技术与艺术的结合，是空间三维关系。因此，本课程的学习有一定难度，要建立良好的空间思维方式和掌握综合运用知识、技能解决问题的能力，在这个过程中要边学边问、多学多问。问指导教师、工程技术人员、管理人员以及身边的同学等，都能帮助解决学习中遇到的问题，甚至起到事半功倍的效果。

三、建筑装饰构造设计的原则

建筑的设计原则是"安全、适用、经济、美观"。同样，建筑装饰构造设计也必须遵循这个原则，综合考虑各种因素，通过分析比较选择适合特定装饰工程的最佳构造方案。建筑装饰构造设计应遵循的原则又可以归纳为以下几项。

1. 保护结构构件，满足使用功能要求

建筑主体结构构件是建筑物的支撑骨架，这些骨架如果直接暴露在大气中，会受到大气中各种介质的侵蚀，如金属构件会由于氧化作用而锈蚀；混凝土构件表面会因大气侵蚀而使表面疏松；竹木等有机纤维构件会因微生物的侵蚀而腐朽等。因此，建筑装饰工程中采用油漆、抹灰等覆盖性装饰构造措施就直接隔绝了空气中的有害物质，一方面提高建筑构件的防火、防水、防锈、防酸碱的抵抗能力，另一方面保护建筑构件免受机械外力的碰撞和磨损。室内一些部位，如踢脚、墙裙、窗台、门窗套等是为防止磕碰损坏、便于清洁而作出的特殊处理。这样，在覆盖层遭到破坏时可不更换结构构件而直接重做表面装饰，使建筑物焕然一新。

建筑装饰构造要最大限度地满足人们对使用功能的要求。建筑装饰构造设计应改善建筑物的清洁卫生条件，保持建筑物室内外整洁清新，改善建筑物的热工、声学、光学等物理状况，为人们创造良好舒适的生活、工作环境。对特殊要求的建筑，应根据其特殊要求采取相应的装饰构造措施。如语音教室的内墙壁和顶棚的装饰要满足其吸声要求；电子计算机房地面装饰成可拆装的活动夹层地板，以满足管线布置的要求。

2. 满足精神生活的美观需求

随着人们生活水平的日益提高，人们对精神生活的需求越来越高，对环境的氛围和意境要求越来越高。因此，建筑装饰构造设计应按照方案设计的要求，从色彩、质感等美学角度合理选择装饰材料，通过对局部造型及尺度的把握、纹线和线脚的处理、色彩与质地的选用等细部处理，确定相应的构造做法，使技术与艺术紧密结合，完美实现装饰方案设计的效果。

3. 确保坚固耐久、安全可靠

首先是建筑装饰构造结构安全，即装饰构件自身的承载力、刚度和稳定性。它们的承载力、刚度、稳定性一旦出现问题，不仅直接影响装饰效果，还会造成人身伤害和财产损失。其次，装饰所用的材料一般通过构造做法连接在主体结构上，主体结构构件必须承受由此传来的附加荷载，因此要正确验算装饰构件和主体结构构件的承载力，保证主体结构的安全性。同时，装饰材料、装饰构件与主体结构的连接也必须有足够的承载力，以保证连接点能够承担装饰材料、构件以及使用中产生的各种荷载，并将这些荷载传递给主体结构，避免发生装饰构件坠落的危险。

在建筑装饰工程设计与施工中，不得随意拆除墙体，损坏原有建筑结构。需拆改原有建筑结构时，必须经过计算校核和批准，切忌破坏性装修。另外，建筑装饰设计不得对原有建筑设计中的交通疏散、消防处理进行随意改变，必须与建筑设计协调一致，满足建筑防火规范的要求。装饰材料的选择也要满足建筑防火规范的要求。

在安全方面，建筑装饰设计还要考虑《民用建筑室内环境污染控制规范》GB 50325—2001（2006修订版）的要求，避免选择含有毒性物质和放射性物质的建筑装饰材料，防止对环境及使用人员造成身体伤害，确保为人们提供一个安全可靠、环境舒适、有益健康的工作生活空间环境。

4. 选择合理的装饰材料

建筑装饰设计应合理选择装饰材料，在考虑装饰效果的同时，还应考虑材料的物理性能和化学性能以及合理的经济价位、产地及运输情况等，以保证装饰工程的质量和合理的造价。

一般来说轻质高强、性能优良、易于加工、价格适中是理想装饰材料所具备的特点，中低档价格的装饰材料应用广泛、普及率高，高档价格的装饰材料常用于局部空间的点缀，在满足装饰效果和使用功能的前提下，就地取材是创造具有地方装饰特色和节省投资的好方法。

5. 施工方便可行

建筑装饰构造设计图是指导施工的图纸文件，建筑装饰工程施工通过一系列施工工序，使装饰构造设计变为现实。因此，建筑装饰设计应提出装饰工程细部的制作工艺和绘制具体的构造做法详图，要考虑当地的施工技术、季节条件、场地条件、材料供货条件等，做到工艺做法合理、施工安装方便，便于各工种之间的协调配合，便于施工机械化程度的提高，便于维护和检修等。

6. 满足经济合理的要求

建筑装饰工程的标准差别很大，其费用在整个工程造价中占有很高比例，常见民用建筑装饰工程费用占工程总造价的30%~40%，标准较高的工程达到60%以上。因此，根据建筑物的性质、装饰等级和业主的经济实力，综合考虑确定合适的建筑装饰标准，将工程造价控制在合理的范围之内，对于实现经济上的合理性有着非常重要的意义。

好的装饰效果并不意味着高造价和贵重奢华的材料，节约也不是一味地降低装饰标准，在相同的经济和装饰材料条件下，通过不同的构造处理手法，创造出令人满意的空间环境，才能真正体现出设计师的水平。

思考题

1. 什么是建筑装饰构造？
2. 建筑装饰构造一般分为哪几类？简述各类装饰构造的特点。

3. 建筑装饰构造课程有哪些特点？如何学好该课程？
4. 简述建筑装饰构造设计应遵循的原则。

实训项目——认识参观

1. 实训目的

通过参观建筑装饰工程施工工地，建立建筑装饰构造的感性认识，认识建筑装饰构造各部位，理解各种类型建筑装饰构造的具体内容，为后面各章节的学习奠定认识基础。

2. 实训条件

选择进度适中的建筑装饰工程施工工地，尽可能使学生看到多种装饰构造做法。

3. 实训内容及深度

充分认识理解建筑装饰工程施工工地看到的各种建筑装饰构造，列出所看到的建筑装饰构造名称，并进行简单分类。

第二章 楼地面装饰构造

建筑装饰构造

一、教学目标

最终目标：会设计、绘制楼地面材料布置图和装饰构造节点详图。
促成目标：
1. 能识读楼地面装饰构造节点详图；
2. 能设计绘制楼地面材料布置图；
3. 能设计绘制楼地面装饰构造节点详图。

二、工作任务

1. 设计楼地面材料布置图；
2. 绘制楼地面装饰构造分层构造节点详图；
3. 绘制楼地面踢脚构造节点详图；
4. 绘制门洞口、不同材质交接处的节点详图。

作为室内设计员要完成楼地面装饰施工图设计，必须掌握相关建筑制图规范，了解楼地面装饰材料的相关知识和楼地面装饰构造原理、构造做法等知识，掌握常见楼地面装饰构造类型和装饰构造做法，并能依据室内使用功能对楼地面进行地面铺装设计等，这些是楼地面装饰构造节点设计的前提工作。楼地面装饰构造节点设计是为了全面训练学生识读、绘制建筑装饰施工图的能力，检验学生学习和运用楼地面装饰构造知识的程度而设置的。

三、项目案例导入：某装饰工程楼地面装饰构造节点设计

通过项目带出本章主要的学习内容，使学生首先建立起本章学习目标的感性认识。楼地面是建筑物底层地面和楼层地面的总称，是使用最频繁的部位。楼地面装饰就是在楼板结构层或地面结构层上的装饰装修层，楼地面装饰构造是实现楼地面装饰设计的技术措施。楼地面装饰应根据不同的使用和装饰要求选择相应的材料、构造方法，实现设计的实用性、经济性、装饰性。

四、某装饰工程楼地面装饰构造节点设计任务书

1. 设计目的

能够根据各类楼地面的特点，结合房间功能，确定其楼地面的构造类型。掌握板块类、木质类楼地面的分层构造及构造做法，熟练绘制出花岗石楼面、木楼面的装饰施工图。

2. 设计条件

图 2-01 所示为某住宅二室二厅户型平面示意图，该户位于二层，试根据各房间的使用功能，确定其楼面的构造类型。要求选用天然石材或人造石材、地砖、实木或复合木地板等，板材规格及拼图自定。

3. 设计内容及深度要求

用 2 号绘图纸，以铅笔或墨线笔绘制下列各图，比例自定。要求达到装饰

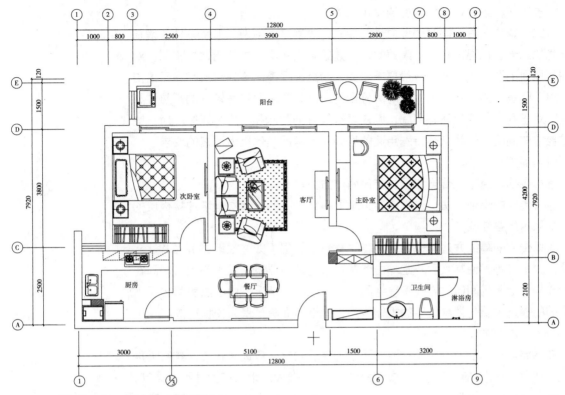

图 2-01 某装饰工程二室二厅户型平面示意图

施工图深度，符合国家制图标准。

（1）二室二厅楼地面材料布置图，要求表示出楼面图案、板材规格及材质；

（2）选用楼面类型的分层构造节点详图，并标注具体的构造做法；

（3）踢脚、门洞口、不同材质交接处的节点详图。

第一节 楼地面概述

建筑物底层地面和楼层地面统称为室内楼地面，楼地面装饰构造是楼地层上装饰面层的做法及其原理。楼地面在建筑中直接承受荷载，是人们在室内空间接触最频繁的部位，在人的视线范围内占比例较大，在建筑装饰工程中占有重要地位。

一、楼地面的基本功能

1. 保护作用

建筑楼地面装饰面层对楼板或地坪具有保护作用。楼地面的装饰面层可以直接承受楼地面使用过程中受到的磨损和碰撞，装饰面层内的防水层避免水渗漏而引起楼板内钢筋锈蚀，从而保护结构构件，提高楼地面结构的耐久性。

2.改善环境条件,满足房屋的使用功能

建筑物建成之后,需对楼地面进行装修,改善室内清洁、卫生条件,增加建筑物的采光、保温、隔热、隔声性能。建筑物内各房间的使用性质不同,对房屋楼地面的要求也不同。一般要求坚固、耐磨、平整、不易起灰和易于清洁等。对于卧室、办公室等人们长时间停留的房间,要求面层有较好的蓄热性和弹性;对于厨房、卫生间等房间,则应具有较好的防水和耐火性能等。对一些标准要求较高的建筑物及有特殊用途的房间还会考虑其他更为严格的要求。

(1)隔声要求

隔声包括隔绝空气传声和固体传声两个方面。

空气传声的隔绝方法,首先要避免地面裂缝、孔洞,其次是增加楼板层的密度或采用层叠结构。

固体传声的隔绝方法,一是采用弹性材料做面层(即弹性地面),如橡胶、地毯、软木砖等,使其吸收一定冲击能量;二是采用浮筑层或夹心地面,即在结构或构造上采用间断的方式来隔绝固体传声。一般情况下由上层房间传至下层房间的噪声主要是楼层构件的固体传声,弹性地面隔声最为便捷有效。

(2)吸声要求

在标准较高、室内音质控制要求严格的建筑物中,应选择和布置具有吸声作用的地面材料。一般情况下,表面致密光滑、刚性较大的地面如大理石地面等,对声波的反射能力较强,吸声能力较小;而各种软质地面如化纤地毯等,有较大的吸声作用。

(3)防水防潮要求

对于有水作用的房间或经常处于潮湿环境的房间,如卫生间、浴室、厨房等要考虑排除积水、防止渗漏,处理好防潮防水问题。

(4)保温性能要求

一般来说,水磨石地面、大理石地面等热传导性能较高,而木地面、塑料地面热传导性能低。从满足人们卫生和舒适度角度出发,对于起居室、卧室等地面不宜采用蓄热系数过小的材料,避免冬季使人感觉不舒服。

在有采暖或空调设备的建筑中,当上下两层有不同温度要求时,应在楼面垫层中放置保温材料,以降低能耗。

(5)弹性要求

对于装饰标准要求较高的建筑室内楼地面,如篮球比赛场地、演出舞台等,应按要求采用具有一定弹性的材料(如木地面、地毯等)作为地面的装饰面层。弹性材料的变形具有吸收冲击能量的性能,冲力很大的物体接触到弹性材料后,其所受到的反冲力比原来的冲击力小很多。因此,人在具有一定弹性的地面上行走,感觉比较舒适。

3.美观作用

楼地面装饰除具有使用功能和保护作用外,同时还具有美观作用。楼地面图案和色彩的设计运用,能够起到烘托室内环境气氛与风格的作用。楼地面装饰设计应与顶棚及墙面的装饰呼应，巧妙处理界面，以产生优美的空间序列感，要结合空间的形态、家具饰品布置、人的活动状况及心理感受、色彩环境、图案要求、质感效果、使用功能等诸多因素综合考虑。

二、楼面的组成及作用

楼地面装饰构造一般由基层和面层两个主要部分组成。房间有找坡、防水、防潮、弹性、保温、隔热或管道敷设等功能上的要求时，需在基层和面层之间增加相应的附加构造层，又称为中间层。

图2-02为楼地面的主要构造层示意。

1. 基层

基层承受面层传来的全部荷载，因此要求基层坚固稳定，保证安全和正常使用。

底层地面的基层一般是回填土，回填土要分层回填并夯实，对于土质较差的，可加入碎砖、石灰等骨料夯实，每铺300mm厚度应夯实一次。楼面的基层一般是钢筋混凝土楼板。

2. 中间层

中间层应根据楼地面实际需要设置，主要有找平层、填充层、隔离层（防水防潮层）、结合层等。各类中间层作用不同，但必须承受、传递由面层传来的荷载，保证良好的强度和刚度。

（1）找平层

一般用厚度为15~20mm的1∶3水泥砂浆抹平，弥补基层表面的粗糙，起到找平作用，满足防水层或较薄面层材料铺设时的平整度要求。

（2）填充层

可用松散材料、整体材料或板块材料，如水泥石灰炉渣、加气混凝土块等铺设。主要起隔声、保温、找坡或敷设暗线管道等作用。

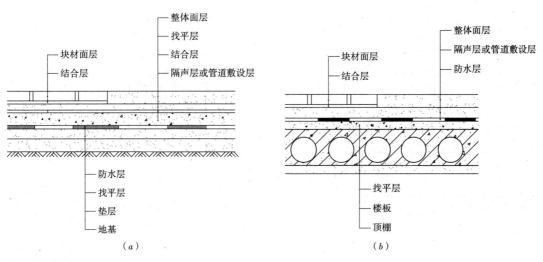

图2-02 楼地面构造示意图
（a）楼地面各构造层；（b）楼面各构造层

（3）隔离层

一般可用沥青胶结材料、防水砂浆或防水混凝土、高聚物改性沥青防水卷材、合成高分子卷材以及防水类涂料等。主要用于卫生间、厨房、浴室等地面的构造层中，起到防渗漏和防潮的作用。

3. 面层

面层是人们生活、生产或工作直接接触的楼地面的最上层，也是地面承受各种物理化学作用的面层。在使用中根据不同要求，面层的材料、构造也各不相同，但都应具有一定的强度、耐久性、舒适性及装饰性。

三、楼地面装饰构造类型

楼地面装饰构造类型很多，根据装饰面层所采用材料不同，可分为水泥砂浆地面、水磨石地面、大理石地面、木地板地面、地毯地面等；根据施工方法的不同，可分为整体式楼地面、块材式楼地面、木楼地面和人造软制品铺贴式楼地面等。

楼地面的名称一般是根据面层材料命名的。

第二节　常用楼地面装饰构造

一、整体式楼地面装饰构造

整体式楼地面的面层无接缝，整体效果好，施工简便，造价较低。一般有水泥砂浆楼地面、细石混凝土楼地面、现浇水磨石楼地面、涂布楼地面等。

1. 水泥砂浆楼地面

水泥砂浆楼地面构造简单、施工方便、造价低廉，缺点是不耐磨，易起砂、起灰。水泥砂浆楼地面以水泥砂浆为面层材料，其构造做法主要有两种：单

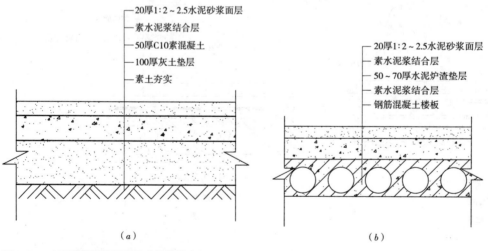

图 2-03　水泥砂浆楼地面构造（单层做法）
(a) 水泥砂浆地面；(b) 水泥砂浆楼面

层做法是在基层上抹一层 15~25mm 厚的 1：2.5 水泥砂浆；双层做法是先抹一层 10~12mm 厚 1：3 水泥砂浆找平层，再抹一层 5~7mm 厚的 1：（1.5~2）水泥砂浆抹面层。

2. 细石混凝土楼地面

细石混凝土地面强度高，干缩性小，与水泥砂浆地面相比，耐久性和防水性更好，一般不需做找平层，由 1：2：4 的水泥、砂、小石子配置而成的 C20 混凝土，直接铺在夯实的素土上或钢筋混凝土楼板上作为楼面，铺设厚度 30~35mm，然后再做 10~15 厚 1：2 水泥砂浆面层。

随打随抹面层的构造做法为：在现浇强度等级不低于 C15 的混凝土楼地面之后，待其表面略有收水，即提浆抹平、压光。防水要求较高的房间，可在基层上加做一层找平层，然后在找平层上做防水层。

3. 现浇水磨石楼地面

现浇水磨石楼地面主要适用于卫生间、厨房及公共建筑的门厅、过道、楼梯间等处。其地面整体性好，具有质地美观、平整光滑、耐磨、耐久、耐污染、不起尘、易清洁、防水好、造价低等优点，但其现场施工期长、湿作业量大、劳动量大。

现浇水磨石楼地面构造一般分为找平层和面层两部分：先在基层上用 10~15mm 厚 1：3 水泥砂浆找平，当有预埋管道和受力构造要求时，应采用不小于 30mm 厚细石混凝土找平；为防止面层开裂及施工和维修方便，并实现装饰设计图案，在找平层上按设计分格镶嵌分隔条，然后用（1：1.5）~（1：3）的水泥石渣浆铺设在镶嵌分格条的找平层上，厚度随石子粒径大小而变化，硬结后用磨石机磨光，并经补浆、细磨、打蜡而成。

现浇水磨石楼地面的构造做法如图 2-04 所示。

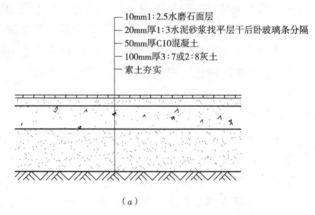

(a)

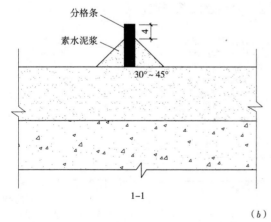

1-1

(b)

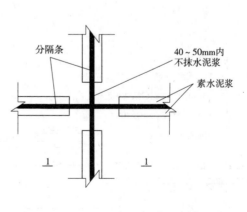

图 2-04 现浇水磨石楼地面的构造
(a) 地面构造；(b) 分格条镶固做法

现浇水磨石楼地面水泥宜采用强度等级不低于32.5级的硅酸盐水泥、普通硅酸盐水泥和矿渣硅酸盐水泥，白色或浅色水磨石面层则应选用白水泥。石渣应采用坚硬可磨的白云石、大理石和花岗岩等岩石加工而成的材料。石渣的色彩、粒径、形状、级配直接影响现浇水磨石楼地面的装饰效果。石渣应洁净、无泥砂杂物、色泽一致、粗细均匀，石渣最大粒径应比面层厚度小1~2mm，最常用的石渣粒径为8mm。分格条厚度一般1~3mm，宽度根据面层厚度而定，常用有铜条、铝条和玻璃条，其中铜条装饰效果和耐久性最好，一般用于美术水磨石楼地面；铝合金分格条耐久性较好，但不耐酸碱；玻璃分格条一般用于普通水磨石楼地面。分格条应平直牢固、厚度均匀、接头严密。掺入水泥拌合物中的颜料应为矿物颜料，并应具有良好的着色力、耐水性、耐光性和耐酸碱性等特性。

二、块材式楼地面装饰构造

块材式楼地面是将预制加工好的块状面层材料（如大理石板、花岗石板、陶瓷锦砖、水泥砖等）通过铺砌或粘贴的方式所形成的地面。

块材式楼地面花色品种繁多，拼图方案丰富，具有强度高、刚性大、经久耐用、易于保持清洁、施工速度快、湿作业量少等优点。但其属于刚性地面，不具有弹性、保温、消声等性能，造价偏高、工效偏低。

块材式楼地面应用十分广泛，一般适用于人流活动较大、耐磨损、保持清洁等方面要求高或比较潮湿的场所；不宜用于人们长时间逗留或需要保持高度安静的地方以及寒冷地区的居室、宾馆客房等。

1. 陶瓷马赛克地面

陶瓷马赛克是以优质瓷土为原料，经高温烧制而成的小块瓷砖。陶瓷马赛克表面致密光滑、色泽多样，质地坚硬耐磨、耐酸耐碱、防水性好、不易变色，主要用于卫生间、盥洗室等处的地面。

陶瓷马赛克楼地面的构造如图2-05所示。其构造做法为：在基层上铺一层厚10~20mm的（1:3）~（1:4）水泥砂浆找平层，浇素水泥浆一道，再

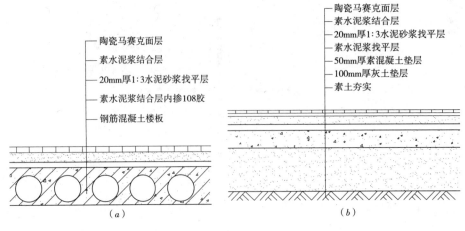

图2-05 陶瓷马赛克楼地面的构造

(a) 楼地面构造；(b) 地面构造

将拼合好的陶瓷马赛克铺在上面，用滚筒压平，使水泥砂浆挤入缝隙。待水泥砂浆硬化后，最后用白水泥浆嵌缝即成。

2. 陶瓷地面砖楼地面

陶瓷地面砖品种多样，一般可分为普通陶瓷地面砖、全瓷地面砖及玻化地砖三大类，而每一类中又有许多种类，如压光、彩釉、渗花、抛光、抛光镜面、耐磨、防滑等。在各类公共场所和家庭地面装修中应用广泛。

陶瓷地砖规格繁多，一般厚度为 8~10mm，正方形每块大小一般为（300mm×300mm）~（1000mm×1000mm），砖背面有凹槽，便于砖块与基层粘结牢固。

陶瓷地面砖铺贴时，一般用 15~20mm 厚（1:3）~（1:4）水泥砂浆做结合层，当规格尺寸大于 600mm×600mm 时，应采用干硬性水泥砂浆做结合层，做法同花岗石、大理石楼地面构造。陶瓷地面砖构造做法如图 2-06 所示。

3. 花岗石、大理石楼地面

花岗石和大理石都属于天然石材，具有良好的抗压性能和硬度，耐磨耐久，外观大方稳重，适用于公共建筑的门厅、营业厅等人流较多的出入口等处。

花岗石板和大理石板一般厚度为 20~30mm，规格为（300mm×300mm）~（600mm×600mm）。近几年来，根据装饰效果的需求，出现了矩形规格，如 600mm×800mm、600mm×1000mm、800mm×1000mm、800mm×1200mm 等。

花岗石和大理石板构造做法为：先在平整的垫层或楼板基层上铺 30mm 厚 1:4 干硬性水泥砂浆结合层，找平压实后再撒 1~2mm 厚干水泥粉并撒适量清水，然后铺贴大理石板或花岗石板，并用水泥浆填缝，铺贴后表面应加以保护；待结合层的水泥砂浆强度达到要求，且做完踢脚板后，打蜡即可，其构造做法如图 2-07 所示。

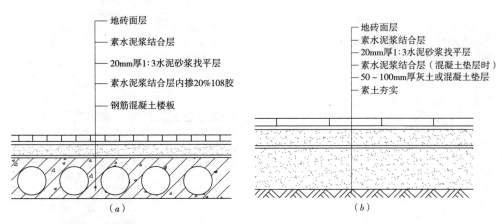

图 2-06 陶瓷地面砖的构造
（a）楼地面构造；（b）地面构造

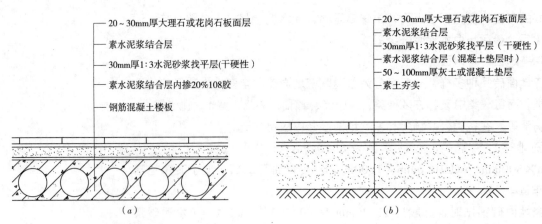

图 2-07 花岗石、大理石楼地面构造
（a）楼面构造；（b）地面构造

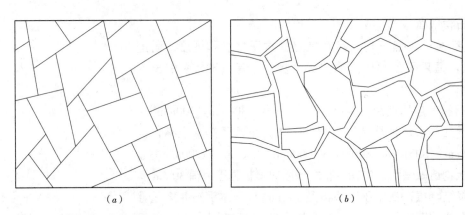

图 2-08 碎拼大理石的铺贴形式
（a）干接；（b）拉缝

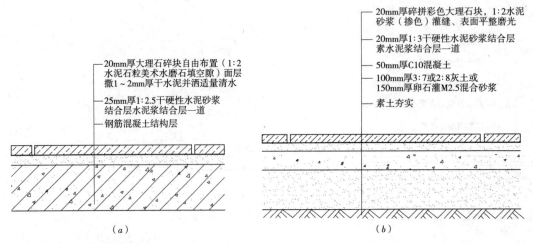

图 2-09 碎拼大理石楼地面构造
（a）楼面构造；（b）地面构造

色泽鲜艳和品种繁多的大理石碎块无规则地拼接起来可做成碎拼大理石地面，其铺贴形式如图 2-08 所示。碎拼大理石地面的接缝有干接缝和拉缝两种形式，干接缝宽 1~2mm，用水泥浆擦缝；拉缝又分为平缝和凹缝，平缝宽 15~30mm，用水磨石面层石渣浆灌缝，凹缝宽 10~15mm，凹进表面 3~4mm，水泥砂浆勾缝。碎拼大理石楼地面构造做法如图 2-09 所示。

三、木楼地面装饰构造

木楼地面是指面层由木地板、竹地板、软木地板等铺钉或胶合而成的楼地面。木楼地面脚感好、不起灰、易清洁，具有良好的弹性、蓄热性，其纹理优美清晰，装饰效果纯朴自然。但耐火性能差，潮湿环境下易腐蚀、翘曲、变形或产生裂缝。

木楼地面一般适用于有较高清洁和弹性使用要求的场所，如儿童活动用房、健身房、比赛场、剧院舞台、客房、卧室等。

根据材质不同，木地板一般分为普通纯木地板、复合木地板、软木地板。

木楼地面基本构造是由面层和基层两大部分组成，基层的作用主要是承托和固定面层，通过钉或粘的办法，达到固定面层的目的。

木楼地面按照结构构造形式不同可分为架空式木楼地面、实铺式木楼地面、粘贴式木楼地面三种。

1. 架空式木楼地面

架空式木楼地面多用于需要留有敷设空间、维修空间的首层房间。楼地面基层由地垄墙（或砖墩）、垫木、木搁栅、剪刀撑及毛地板等部分组成。

架空式木楼地面构造如图 2-10 所示。

地垄墙一般采用普通黏土砖砌筑而成，垄墙与垄墙之间的间距一般不宜大于 2m，垄墙上留通风孔洞 120mm×120mm，外墙应每隔 3~5m 开设 180mm×180mm 的通风孔洞，洞口加封铁丝网罩，如图 2-11 所示。若该架空层内敷设了管道设备，需要检修空间时，则还要考虑预留过人孔。地垄墙的做法在大城

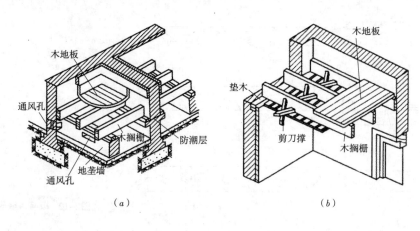

图 2-10 架空式木楼地面构造
(a) 架空式木地面；(b) 架空式木楼面

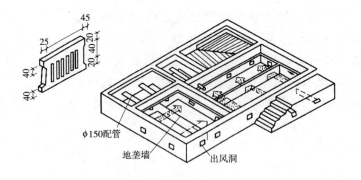

图 2-11 架空式木地面通风孔洞设置

市中已很少用，多用钢木结构支架取而代之。地垄墙（或砖墩）与木搁栅之间采用垫木连接，垫木的主要作用是将木搁栅传来的荷载传递到地垄墙上，规格为 50mm×100mm，与地垄墙之间通常用 8 号钢丝绑扎连接。木搁栅又称木龙骨，主要作用是固定和承托面层。木搁栅铺设找平后，用圆钉与垫木钉牢即可。剪刀撑是用来加固木搁栅，增强整个地面的刚度，保证地面质量的构造措施。毛地板即毛板，是在木搁栅上铺钉的二层窄木板条，便于钉接面层板，增加硬木地板的弹性，一般用松、杉木板条，厚 20~25mm，其宽度不宜大于 120mm，表面要平整。板条与板条之间缝隙不宜大于 3mm，板条与周边墙之间留出 10~20mm 的缝隙，相邻板的接缝要错开。面层板与周边墙之间也应留出 10~20mm 的缝隙，最后由踢脚板封盖。板面拼缝形式如图 2-12 所示。

2. 实铺式木楼地面

实铺式木楼地面构造比较简单，是将 50mm×（50~70）mm@400mm 的木搁栅直接固定在找平的结构基层上，然后将木地板铺钉在木搁栅上。木地板面板与周边墙之间需留 10mm 左右的缝隙，交接处由踢脚板及压封条封盖。

弹性要求较高的房间，为了满足减振和弹性要求，往往还要加设弹性橡胶垫层。为了减少行人在地板行走产生的空鼓声，改善保温隔热效果，通常可在

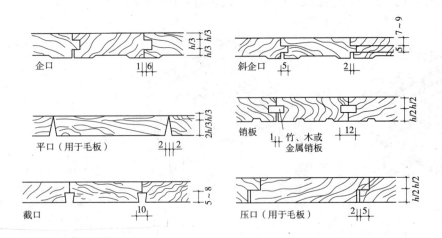

图 2-12 板面拼缝形式

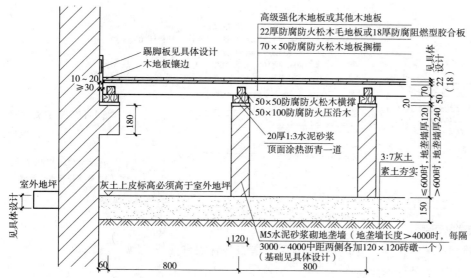

图 2-13 架空式双层木地板的构造（单位：mm）

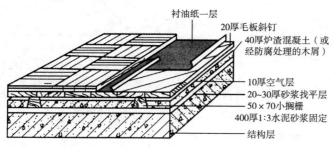

图 2-14 实铺式木楼地面构造（单位：mm）

搁栅之间填充一些轻质材料如干焦碴、蛭石、矿棉毡等。

需注意的是在施工之前木搁栅、横撑应进行防腐处理，防火要求高的应进行防火处理。

图 2-14 为实铺式木楼地面构造。

3. 粘贴式木楼地面

粘贴式木楼地面具有构造简单、占用空间高度小、经济等优点，但弹性较差，若选用软木地板，可取得较好的弹性。

粘贴式木楼地面的基层一般是水泥砂浆或混凝土，为便于粘贴木地板，要求基层具有足够的强度和平整度，表面无浮尘、浮渣。通常做法为：在结构层上用 15mm 厚 1∶3 水泥砂浆找平，上面刷冷底子油一道，然后铺设 5mm 厚沥青胶结材料（或其他胶结剂），最后粘贴木地板，随涂随粘。

面层板一般是长条硬木企口板、拼花小木块板或硬质纤维板，粘贴前应进行防腐处理。胶结材料可采用胶粘剂或沥青胶粘材料。粘贴式木楼地面构造组成如图 2-15 所示。

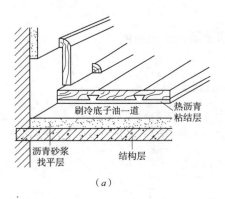
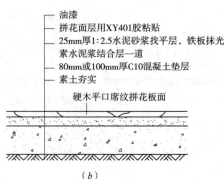

图 2-15 粘贴式木楼地面构造组成

(a) 沥青粘贴木地板构造; (b) 硬木拼花木楼面构造

四、地毯楼地面装饰构造

地毯是一种高级地面装饰材料，具有吸声、隔声、弹性与保温性能好、脚感舒适、豪华美观、施工简便快捷等特点。适用于展览馆、疗养院、酒店、医院、住宅等建筑的室内楼地面装饰。

地毯的铺设可分为满铺和局部铺设两种，铺设方式有固定式与不固定式之分。

不固定式铺设是将地毯直接摊铺在地面上，不需与基层固定。适合于经常卷起地毯的场合或经常搬动家具等重物的场合。

固定式铺设是指将地毯裁边，粘结拼缝成为整片，铺设后四周与房间地面加以固定。常见的固定方法有倒刺板固定法和粘贴式固定法两种。

1. 倒刺板固定法

倒刺板固定法通常在地毯下面加设垫层，以增加地面的弹性和防潮性能，并易于铺设。垫层有波纹状的海绵波垫和杂毛毡垫，厚度10mm左右。倒刺板是在4~6mm厚24~25mm宽木板条上平行钉两行钉子，一般应使钉子按同一方向与板成60°和75°角。倒刺板固定板条也可以采用铝合金挂毯条，铝合金挂毯条兼具挂毯收口双重作用，既可用于固定地毯，也可用于两种不同材质的地面相接的部位。地毯楼地面构造如图2-16所示。

倒刺板及挂毯条构造如图2-17所示。

倒刺板通常沿墙四周边缘顺长布置，固定在距墙面踢脚板外8~10mm处，另外在地毯接缝及地面高低转折处沿长布置倒刺板。一般用合金钉将倒刺板固定在基层上。当地毯完全铺好后，用剪刀裁去墙边多出部分，再用扁铲将地毯边缘塞入踢脚板下

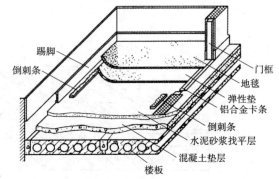

图 2-16 地毯楼地面构造

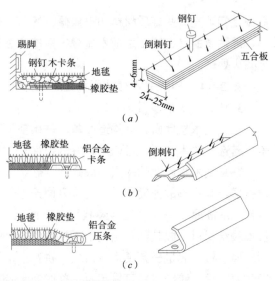

图 2-17 倒刺板及挂毯条构造

(a) 倒刺条; (b) 铝合金卡条; (c) 钳合金压条

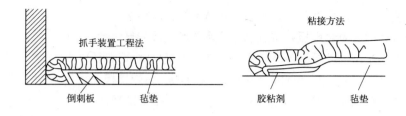
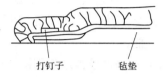

图 2-18 踢脚板处地毯固定构造

预留的空隙中，如图 2-18 所示。

2. 粘贴固定法

粘贴固定法通常把胶直接涂刷在处理好的基层上，然后将地毯固定在基层上面，刷胶方式有满刷和局部刷两种方法。人流多的公共场所地面应采用满刷胶液的方法，人流少而搁置器物较多的房间地面可采用局部刷胶液。

当采用粘贴式固定地毯时，地毯应具有较密实的基地层。常见的基地层是在绒毛的底部粘上一层 2mm 左右的胶，

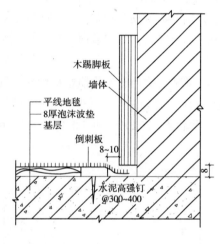

图 2-19 局部铺设地毯的固定构造（单位：mm）

如橡胶、塑胶、泡沫胶等，不同的胶底层耐磨性能不同。有些重度级的专业地毯，胶的厚度为 4~6mm，且在胶的下面再贴一层薄毯片。

采用固定法铺设地毯，除可选用粘贴式固定法和倒刺板固定法外，还可选用铜钉法，即将地毯的四周与地面用铜钉予以固定，如图 2-19 所示。

铺设地毯的基层一般要求具有一定强度、表面平整并保持洁净；木地板上铺设地毯应注意钉头或其他突出物，以免挂坏地毯；底层地面的基层应做防潮处理。

五、塑料橡胶楼地面装饰构造

塑料橡胶楼地面自重轻、柔韧、耐磨、耐腐蚀，按制品成型的不同分为块材和卷材两种。适用于宾馆、医院、净化车间、住宅等居住建筑和公共建筑。

1. 塑料地板楼地面

塑料地面是指用聚氯乙烯树脂塑料地板作为饰面材料铺贴的楼地面，具有脚感舒适、易于清洁、美观、耐磨、保温、绝缘性好等优点。产品有高、中、低不同档次，为不同装饰标准提供了选择余地。塑料地面适用于办公室、住宅及有抗腐蚀、抗静电要求的楼地面。

塑料地板的种类、花色众多：按厚度可分为厚地板和薄地板；按结构可分为单层地板、双层复合地板和多层复合地板；按颜色可分为单色地板和复色地板；按质地可分为软质地板、半硬质地板和硬质地板；按底层所用材料分为有底层地板和无底层地板；按表面装饰效果分为印花地板、压花地板、发泡地板、仿水磨石地板等；按树脂性质分为聚乙烯塑料（PVC）地板、氯乙烯-醋酸乙烯共聚物（EVA）地板和丙乙烯地板。

塑料地板适宜铺贴在混凝土及水泥砂浆基层上，基层应平整、干燥、坚硬结实、不起砂、不空鼓、无裂缝、无油脂尘垢，各个阴阳角方正。当表面有麻面、起砂和裂缝等缺陷时，应用水泥腻子修补平整。

塑料地板楼地面的铺贴方式有两种，一种方式是直接铺贴（干铺），主要用于人流量小及潮湿房间的地面。铺设大面积塑料卷材要求定位截切，足尺铺贴，同时应注意在铺设前3~6天进行裁边，并留有0.5%的余量。对不同的基层还应采用一些相应的构造措施，如在首层地坪上，应加做防潮层；在金属基层上，应加设橡胶垫层。

另一种方式是胶粘铺贴，适用于半硬质塑料地板。胶粘铺贴采用胶粘剂与基层固定，胶粘剂多与地板配套供应。一般常见的有氯丁胶、聚醋酸乙烯胶、6101环氧胶、立时得万能胶、202胶、405胶等。在选择胶粘剂时要注意其特性和使用方法。

塑料块材楼地面的构造如图2-20所示。

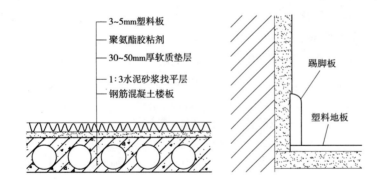

图2-20 塑料块材楼地面的构造

2. 橡胶地毡楼地面

橡胶地毡是以天然橡胶或合成橡胶为主要原料，加入适量的填充料加工而成的地面覆盖材料，具有良好的弹性、保温、耐磨、消声性能，具有防滑、不导电等特性，适用于展览馆、疗养院、实验室、阅览室、游泳馆、运动场等地面。

橡胶地毡表面有光滑和带肋两类，带肋的橡胶地毡一般用在防滑走道上。其厚度为4~6mm。橡胶地毡地板可制成单层或双层，也可根据设计制成各类花色。

橡胶地毡楼地面要求基层平整、光洁，无突出物、灰尘、沙粒等。含水量

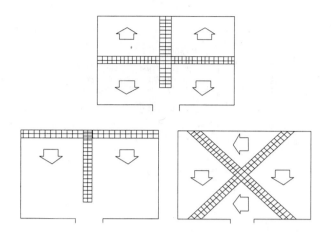

图 2-21 软质制品楼地面划线定位

应在 10% 以下。施工时应根据设计图案进行预排和选料，然后进行划线定位，通常大房间可成十字形放线，从中间往四面铺开，小房间则多从房间内侧向房间外侧铺贴，如图 2-21 所示。

橡胶地毡与基层的固定一般用胶结材料粘贴的方法，粘贴在水泥砂浆或混凝土基层上。涂胶粘剂时要求涂布厚度均匀，涂后 3~5min 使胶淌平，并挥发部分溶剂再进行粘贴，粘贴后用小压辊碾压平，排除气泡。卷材粘贴时为了接缝密实，可用叠割法紧缝齐贴。如图 2-22 所示。

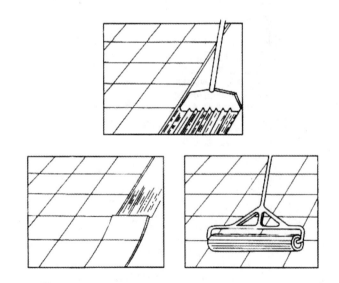

图 2-22 软质制品楼地面块材铺贴

第三节 楼地面特殊部位装饰构造

一、踢脚板装饰构造

踢脚板是楼地面和墙面相交处的构造处理，它的主要作用是遮盖楼地面与墙面的接缝，保护墙面根部，方便墙地面清洁。踢脚板的材料与楼面的材料基本相同，并与地面一起施工，高度一般为 100~300mm，构造形式有三种：与墙面平齐、凸出和凹进。常见的踢脚板构造做法如图 2-23 所示。

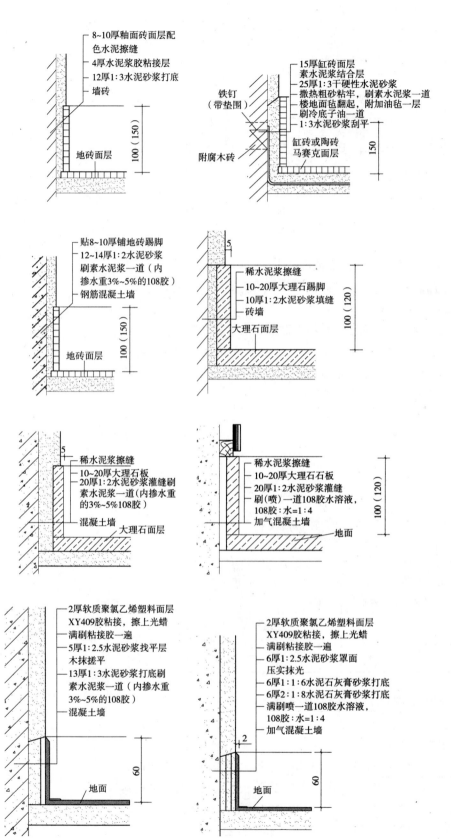

图 2-23 几种常见的踢脚板构造做法

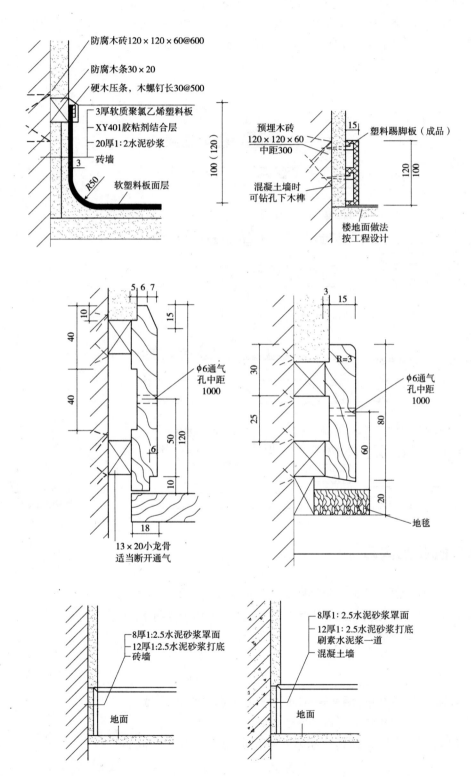

图 2-23 几种常见的踢脚板构造做法（续）

二、不同材质楼地面交接处的构造

地毯与石材、地毯与木地板、不同质地地毯、木地板与石材以及木地板与地砖等不同材质楼地面之间的交接处，应采用坚固材料作边缘构件，如硬木、铜条、铝条等做过渡交接处理，避免产生起翘或不齐现象。分界线一般设在门扇下或根据装饰设计确定。常见的不同材质楼地面交接处构造处理如图2-24所示。

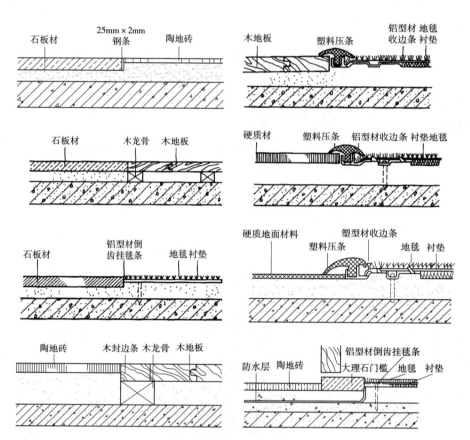

图2-24 不同材质楼地面交接处的构造处理

第四节 特种楼地面装饰构造

特种楼地面主要有防水楼地面、活动夹层楼地板、隔声楼地面、发光楼地面、弹性木地面和弹簧木地面等，主要是为了满足各种不同房间的使用要求而进行的构造处理与做法。

一、防水楼地面

建筑物中的地下室、盥洗室、卫生间、浴室等房间，经常受到水的作用。因此，在此类楼地面装饰构造中，要求楼地面必须做防水处理。

对有水体作用的房间，一是排除楼地面积水：楼地面应低于其他房间

20~50mm，并做成 0.5%~1.5% 坡度，设置地漏。二是楼地面采用防水构造：防水构造一般是在结构层上做找平层，然后做防水层，再做楼地面面层。防水层要均匀密实，在与墙交接处应沿墙四周卷起 150mm，防止水沿墙体渗漏。楼地面防水构造处理见表 2-01。

楼地面防水构造处理　　　表 2-01

防水层类型	图示	防水做法
防水砂浆		① 刚性整体或块料面层及结合层； ② 1：2 防水水泥砂浆沿墙翻起 150mm； ③ 混凝土垫层或楼板
油毡		① 刚性整体或块料面层及结合层； ② 二毡三油上热嵌粗砂一层，沿墙 150mm； ③ 水泥砂浆找平层上刷冷底子油一道； ④ 混凝土垫层或楼板
防水涂料		① 刚性整体或块料面层及结合层； ② C20 细石混凝土； ③ 防水涂料一层，管道外沿及沿墙贴玻璃布一层，翻起 150mm； ④ 混凝土垫层或楼板上做水泥砂浆找平层
玻璃布及防水涂料		① 刚性整体或块料面层及结合层； ② C20 细石混凝土； ③ 玻璃布一层，防水涂料二层，沿墙翻起 150mm； ④ 水泥砂浆找平层； ⑤ 混凝土垫层或楼板

注：常用防水涂料为聚氨酯、沥青橡胶、851 等。

二、活动夹层楼地面

活动夹层楼地面是以各种装饰板材为基材，经高分子合成胶粘剂胶合而成的活动木地板、抗静电的铸铅活动地板和复合抗静电活动地板等，其配件由龙骨、橡胶垫、橡胶条和可供调节的金属支架等组成。活动夹层楼地板具有安装、调试、维修方便，夹层空间便于敷设各种管线，可随时开启检查、维修和迁移等特点，主要应用于有防尘、防静电要求和管线敷设较集中的电子计算机房、通信枢纽、电化教室、变电所控制室、舞台等专业用房的楼地面工程中。

活动夹层楼地面的活动地板和支架根据使用功能、要求选用，活动支架一般有拆装式、固定式、卡锁搁式、刚性龙骨式四种，如图 2-25 所示。拆装式支架的高度可在 50mm 范围内调节，适用于小面积房间；固定式支架无龙骨支撑，面板直接固定在支撑盘上，一般用于普通办公室；卡锁搁式支架便于地板的任意拆装；刚性龙骨支架适用于放置重量较大的设备的房间。

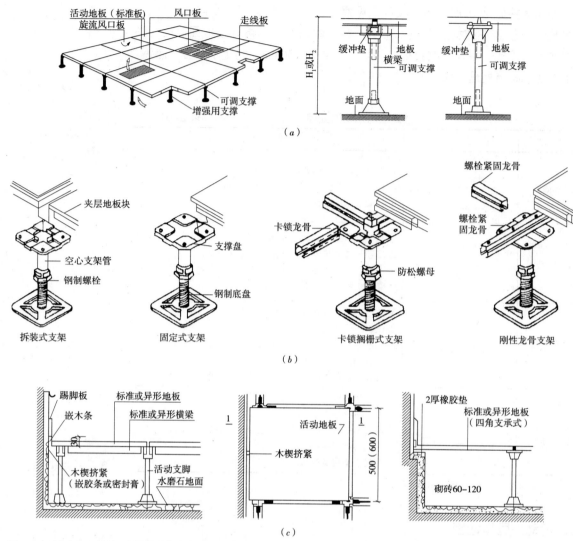

图 2-25 活动夹层楼地面构造组成（单位：mm）
(a) 活动夹层楼地面组成；(b) 各类支架；(c) 活动夹层楼地面铺装构造

三、隔声楼地面

隔声楼地面主要是为了隔绝固体传声，阻止地面撞击声通过楼层传递到下一层，应用于隔声要求特别高的建筑楼地面。常见构造处理方法有以下三种。

1. 在楼地面上铺设弹性面层材料（地毯、橡皮、塑料等）。此方法简单，隔声效果好，装饰效果好，应用较为广泛。

2. 设置片状、块状或条状等弹性垫层，其上做面层形成浮筑式楼板，通过设置弹性垫层，减弱由面层传来的固体声能，达到隔声的目的。

3. 在悬吊式顶棚上铺设吸声材料，形成吊顶隔声层。这种方法隔声效果较好，应用较广泛。楼地面隔声构造如图 2-26 所示。

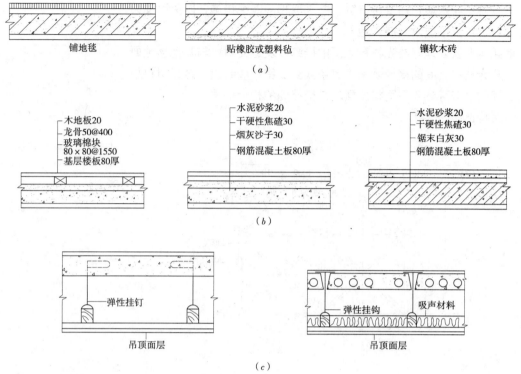

图 2-26 楼地面隔声构造（单位：mm）
（a）铺设弹性面层；（b）设置弹性垫层；（c）隔声吊顶构造

四、发光楼地面

　　发光楼地面是采用透光材料做面层，光线从架空地面的内部自下而上向室内空间透射的地面。发光楼地面主要应用于舞台、舞池以及大型高档建筑内部局部重点处理地面。

　　发光楼地面构造由架空支撑结构、搁栅和透光面板等组成。架空支撑结构有砖支墩、混凝土支墩、钢结构支架等，为使架空层与外部之间有良好的通风条件，一般沿外墙每隔 3000~5000mm 开设 180mm×180mm 的通风散热孔洞，墙洞口加封钢丝网罩，或与通、排风管道相连。发光楼地面需考虑预留进人孔，否则要通过设置活动面板来解决架空层内敷设灯具、管线等设备问题。

　　搁栅作用是固定和承托面层，一般采用木搁栅、型钢、T 形铝型材等。其断面尺寸应根据垄墙（或砖墙）的间距来确定。铺设找平后，将搁栅与支撑结构固定。木搁栅在施工前应预先进行防火处理。

　　透光面板多采用双层中空钢化玻璃、双层中空彩绘钢化玻璃、玻璃钢等材料。透光面板与架空支撑结构的固定连接有搁置与粘贴两种方法。搁置法节省室内使用空间，便于更换维修灯具及管线，应用广泛。粘贴法要设置专门的进人孔，经常维修的空间不宜采用。

　　地面内的灯具应选用冷光源灯具以免散发大量光热，灯具基座固定在楼板基层上，灯具应避免与木质构件直接接触，并采取相应隔绝措施，以免引发火灾事故。光珠灯带可直接敷设或嵌入地面。

发光楼地面构造要处理好透光材料之间的接缝以及透光材料与其他楼地面之间的接缝。透光材料之间的接缝采用密封条嵌实、密封胶封缝，透光材料与其他楼地面之间的接缝可参考不同材质楼地面交接处的构造处理。

发光楼地面构造如图2-27所示。

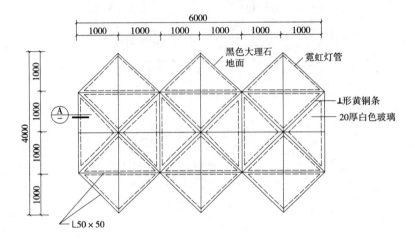
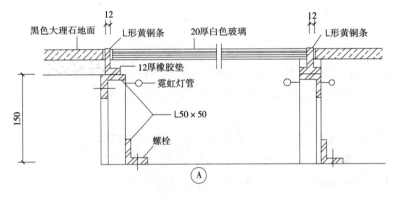

图2-27 发光楼地面构造（单位：mm）

五、弹性木楼地面和弹簧木楼地面

1. 弹性木楼地面

弹性木楼地面主要应用于舞台、比赛场地、练功房等对地面弹性要求较高的空间。弹性木楼地面可分为衬垫式和弓式两种。

衬垫式木地面构造是在木搁栅下增设弹性衬垫，弹性衬垫一般是橡胶、软木、泡沫塑料或其他弹性好的材料，可以按条状或块状布置，如图2-28所示。

弓式弹性木楼地面有钢弓式和木弓式两种。木弓式弹性木地面利用木弓支托搁栅来增加弹性，搁栅上铺毛板、油纸后铺钉硬木地板。木弓下设通长垫木，垫木用螺栓固定在结构基层上，木弓长1000~1300mm，高度根据弹性要求通过实验确定。弓式弹性木地面构造如图2-29所示。

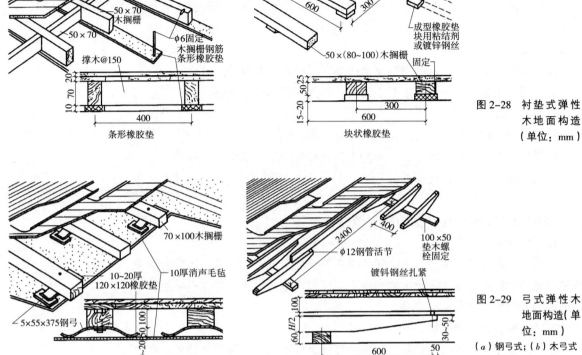

图 2-28 衬垫式弹性木地面构造（单位：mm）

图 2-29 弓式弹性木地面构造（单位：mm）
(a) 钢弓式；(b) 木弓式
注：H=80~100，经试验决定

2. 弹簧木楼地面

弹簧木楼地面是由弹簧支撑的整体式骨架地面，弹性好于弹性木楼地面。主要应用于舞池和电话间地面。应用于电话间楼地面时，弹簧木地板与电子开关相联，人进入电话间后，地板下移电路接通，电灯开启，人离开后，地板复位电源断开。弹簧木楼地面构造如图 2-30 所示。

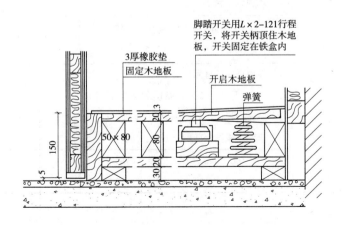

图 2-30 弹簧木地面构造（单位：mm）

第五节　楼地面装饰构造设计指导

一、设计步骤和方法

1. 教学方式和方法。学生按照设计指导书的要求和步骤动手设计，教师进行一对一辅导，做到发现问题随时解决。针对学生出现的具有代表性问题进行讲解与总结。
2. 完善楼地面装饰设计图中的楼面图案、板材规格及材质。
3. 选用绘制楼地面分层构造节点详图，并注明具体构造做法。
4. 绘制踢脚节点详图。
5. 绘制门洞口、不同材质交接处的节点详图。
6. 最后检查校对各道尺寸，详图索引符号和详图符号确保正确一致。
7. 未尽事宜参见设计任务书。

二、某装饰工程楼地面装饰构造节点设计过程

1. 楼地面材料布置图

根据楼地面装饰构造节点设计任务书中的平面示意图，按照使用功能要求绘制楼地面材料布置图，表示出楼面图案、板材规格及材质，并在需要绘制节点详图的部位引出详图索引符号。

2. 楼地面装饰构造分层构造节点详图

参考下面图表中和相关参考资料中的楼地面构造做法，按照楼地面材料布置图中的各种材质要求，绘制相应的装饰构造节点详图。在绘制过程中按照制图规范要求，正确运用详图索引符号和详图符号。

常见楼地面装饰构造　　　　　表2-02

类别	名称	构造简图	构造	
			地面	楼面
整体式楼地面	水泥砂浆楼地面	水泥砂浆地面　水泥砂浆楼面	（1）25mm厚1:2水泥砂浆铁板赶平； （2）水泥浆结合层一道 （3）80（100）mm厚C15混凝土垫层； （4）素土夯实	（3）钢筋混凝土楼板
	现浇水磨石楼地面	水磨石地面　水磨石楼面	（1）表面草酸处理后打蜡上光； （2）15mm厚1:2水泥石粒水磨石面层； （3）25mm厚1:3水泥砂浆找平层； （4）素水泥浆结合层一道 （5）80（100）mm厚C15混凝土垫层； （6）素土夯实	（5）钢筋混凝土楼板

续表

类别	名称	构造简图	构造 地面	构造 楼面
块材式楼地面	地砖楼地面	地砖地面　地砖楼面	（1）8~10mm厚地砖面层，水泥浆擦缝； （2）20mm厚1：3干硬性水泥砂浆结合层，上洒1~2mm厚干水泥并洒清水适量； （3）水泥浆结合层一道	
			（4）80（100）mm厚C15混凝土垫层； （5）素土夯实	（4）钢筋混凝土楼板
	陶瓷马赛克楼地面	陶瓷马赛克地面　陶瓷马赛克楼面	（1）6mm厚陶瓷马赛克面层，水泥浆擦缝并揩干表面水泥浆； （2）20mm厚1：3干硬性水泥砂浆结合层，上洒1~2mm厚干水泥并洒清水适量； （3）水泥浆结合层一道	
			（4）80（100）mm厚C15混凝土垫层； （5）素土夯实	（4）钢筋混凝土楼板
	花岗石楼地面	花岗石地面　花岗石楼面	（1）20mm厚花岗石块面层，水泥浆擦缝； （2）20mm厚1：3干硬性水泥砂浆结合层，上洒1~2mm厚干水泥并洒清水适量； （3）水泥浆结合层一道	
			（4）80（100）mm厚C15混凝土垫层； （5）素土夯实	（4）钢筋混凝土楼板
	大理石楼地面	大理石地面　大理石楼面	（1）20mm厚大理石块面层，水泥浆擦缝； （2）20mm厚1：3干硬性水泥砂浆结合层，上洒1~2mm厚干水泥并洒清水适量； （3）水泥浆结合层一道	
			（4）80（100）mm厚C15混凝土垫层； （5）素土夯实	（4）钢筋混凝土楼板
木楼地面	铺贴木楼地面	铺贴木地面　铺贴木楼面	（1）20mm厚硬木长条地板或拼花面层氯丁橡胶粘贴； （2）2mm厚热沥青胶结材料随涂随铺贴； （3）刷冷底子油一道，热沥青玛琋脂一道； （4）20mm厚1：3水泥砂浆找平层； （5）水泥浆结合层一道	
			（6）80（100）mm厚C15混凝土垫层； （7）素土夯实	（6）钢筋混凝土楼板
	强化木楼地面	强化木地面　强化木楼面	（1）8mm厚强化木地板（企口上下均匀刷胶）拼接； （2）3mm聚乙烯（EPE）高弹泡沫垫层； （3）25mm厚1：3水泥砂浆找平层铁板赶平； （4）水泥浆结合层一道强化木楼地面	
			（5）80（100）mm厚C15混凝土垫层； （6）素土夯实	（5）钢筋混凝土楼板
软质制品楼地面	地毯楼地面	地毯地面　地毯楼面	（1）3~5mm厚地毯面层浮铺； （2）20mm厚1：3水泥砂浆找平层； （3）水泥浆结合层一道； （4）改性沥青一布四涂防水层	
			（5）80（100）mm厚C15混凝土垫层； （6）素土夯实	（5）钢筋混凝土楼板

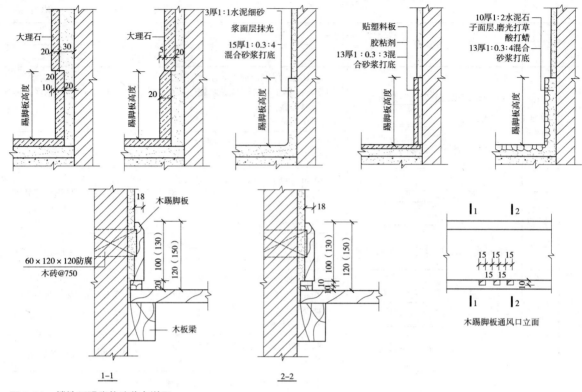

图 2-31 楼地面踢脚构造节点详图

3. 楼地面踢脚构造节点详图

参考图 2-23、图 2-31 以及相关参考资料中的楼地面踢脚构造做法，按照楼地面材料布置图中的各种材质要求选择相应的踢脚做法，并绘制踢脚构造节点详图。在绘制过程中按照制图规范要求，正确运用详图索引符号和详图符号。

4. 门洞口、不同材质交接处的节点详图

参考图 2-24 中和相关参考资料中的楼地面门洞口、不同材质交接处的构造做法，按照楼地面材料布置图中的各种材质要求选择相应的材质交接处构造做法，并绘制门洞口、不同材质交接处的构造节点详图。在绘制过程中按照制图规范要求，正确运用详图索引符号和详图符号。

5. 检查校对各道尺寸，详图索引符号和详图符号确保正确一致。

6. 设计参考资料

《建筑装饰构造标准图集》，参考资料可由指导教师根据当地情况指定。

思考题

1. 简述楼地面构造设计的主要步骤与方法。
2. 楼地面的功能是什么？
3. 楼地面的基本构造层次有哪些？
4. 楼地面的分类有哪几种？
5. 块材式楼地面和木楼地面的构造层次？

实训项目

1. 某住宅三室一厅地面装饰构造设计；
2. 某酒店大堂地面装饰构造设计；
3. 某茶室室内地面装饰构造设计。

项目 2-1　某装饰工程楼地面装饰构造节点设计

一、设计目的

掌握板块类、木质类楼地面的分层构造及构造做法，熟练绘制出花岗岩楼面、木楼面的装饰施工图。

二、设计条件

图 2-01 所示为某住宅二室二厅户型平面示意图，该户位于二层，试根据各房间的使用功能，确定其楼面的构造类型。要求选用天然石材或人造石材、地砖、实木或复合木地板等，板材规格及拼图自定。

三、设计内容及深度要求

用 2 号绘图纸，以铅笔或墨线笔绘制下列各图，比例自定。要求达到装饰施工图深度，符合国家制图标准。

1. 一厅楼地面材料布置图，要求表示出楼面图案、板材规格及材质；
2. 楼面类型的分层构造节点详图，并标注具体的构造做法；
3. 门洞口、不同材质交接处的节点详图。

第三章　墙柱面装饰构造

建筑装饰构造

一、教学目标

最终目标：会设计绘制墙面装饰剖面图、节点详图、大样图。

促成目标：

1. 能识读墙面装饰构造节点详图；
2. 能根据墙面装饰立面图分析墙面装饰材料做法；
3. 能根据墙面装饰立面图分析墙面装饰构造做法；
4. 能根据墙面装饰立面图绘制墙面剖面图；
5. 能根据墙面装饰立面图绘制墙面装饰构造节点详图、大样图；
6. 能根据墙面剖面图绘制墙面装饰构造节点详图、大样图。

二、工作任务

1. 查找常见墙面装饰构造做法资料；
2. 绘制墙面装饰剖面图；
3. 绘制墙面装饰构造节点详图、大样图。

作为室内设计员要完成墙面装饰施工图设计，必须掌握相关建筑制图规范，了解墙面装饰构造原理、构造做法等知识，掌握常见墙面装饰构造类型和装饰构造做法等，并能依据室内使用功能和墙面方案设计图对墙面进行剖面图设计和节点详图设计等。墙面装饰构造节点设计是为了全面训练学生识读、绘制建筑装饰施工图的能力，检验学生学习和运用墙面装饰构造知识的程度而设置的。

三、项目案例导入：某装饰工程墙面装饰构造节点设计

通过项目带出本章主要的学习内容，使学生首先建立起本章学习目标的感性认识。墙面是建筑物中围合空间的建筑构件，是建筑装饰设计的主要部位，在室内设计中起着重要作用。墙面装饰构造是实现墙面装饰设计的技术措施，墙面装饰构造处理得当与否，对建筑功能、建筑空间环境气氛和美观影响很大，应根据不同的使用和装饰要求选择相应的材料、构造方法，以达到设计的实用性、经济性、装饰性。

四、某装饰工程墙面装饰构造节点设计任务书

1. 设计目的

能够根据各类墙面装饰装修的特点，结合房间使用功能，确定其墙面的装饰构造类型，掌握抹灰类、贴面类、涂刷类、裱糊类、镶板类、软包类墙面的构造做法，熟练地绘制出各类墙面的装饰设计施工图。

2. 设计条件

已知某会议室内墙立面如图3-01所示。试根据该图设计会议室装饰装修立面图、剖面图及节点详图，并达到施工图深度。

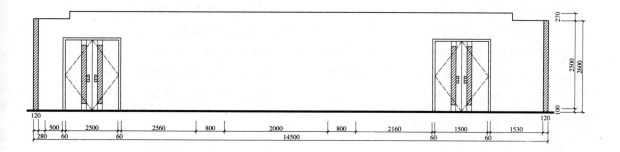

图 3-01 某会议室内墙立面图

3. 设计内容及深度要求

用 2 号制图纸,以铅笔或墨线笔完成以下图样,比例自定。要求施工图深度符合国家制图标准。

(1) 会议室装饰装修立面图,标注细部尺寸及立面选用材料。
(2) 饰面的纵剖面图,并标注各分层构造及具体构造做法。
(3) 会议室立面图上装饰线的节点详图。
(4) 会议室立面图上不同材质相交处的节点详图。

第一节 墙柱面概述

墙体是组成建筑室内外空间的主要结构构件,柱子是支撑楼板的承重结构构件,而墙面、柱面是室内外空间的侧界面。墙面、柱面装饰对空间环境效果影响很大,是室内外装饰装修的主要部分。墙面和柱面装饰构造在方法上基本相同,但也有各自的特殊性。

一、墙面装饰构造的分类

1. 墙面装饰构造按位置分类

墙面装饰构造依其在房屋中所处位置的不同,有内墙面装饰构造和外墙面装饰构造之分。凡位于建筑物四周外侧的墙面装饰构造称外墙面装饰构造;位于建筑物内部的墙面装饰构造称内墙面装饰构造。

2. 墙面装饰构造按工艺分类

墙面装饰构造按材料和施工工艺不同可分为抹灰、贴面、涂刷、裱糊、镶板、软包、幕墙七大类。

二、内外墙装饰构造的基本功能

1. 外墙面装饰构造的基本功能

外墙面是构成建筑物外观的主要因素,直接影响到城市面貌和街景。因此,外墙面的装饰一般应根据建筑物本身的使用要求和周围环境等因素来选择饰面,通常选用具有抗老化、耐光照、耐风化、耐水、耐腐蚀和耐大气污染的外墙面饰面材料。外墙面装饰装修的基本功能主要有以下几方面:

（1）保护墙体　外墙面装饰装修在一定程度上保护墙体不受外界的侵蚀和影响，提高墙体防潮、抗腐蚀、抗老化的能力，提高墙体的耐久性和坚固性。

（2）改善性能　通过对墙面的装饰装修处理，可以弥补和改善墙体材料在功能方面的某些不足。墙体经过装饰装修厚度加大，或者使用一些有特殊性能的材料，能够提高墙体保温、隔热、隔声等功能。如现代建筑中大量采用的吸热和热反射玻璃，能吸收或反射太阳辐射热能的50%~70%，从而可以节约能源，改善室内温度。

（3）美化墙面　建筑物立面是人眼视线内所能观赏到的一个主要面，所以外墙面的装饰装修处理即立面装饰装修所体现的质感、色彩、线形等，对构成建筑总体艺术效果具有十分重要的作用。采用不同的墙面装饰材料和不同的装饰装修构造，会产生不同的装饰效果。

2. 内墙面装饰构造的基本功能

（1）保护墙体　建筑物的内墙面装饰装修与外墙面装饰装修一样，也具有保护墙体的作用。在易受潮湿或酸碱腐蚀的房间里，墙面贴瓷砖或进行防水、隔水处理，墙体就不会受潮；人流较多的门厅、走廊等处，在适当高度上做墙裙、内墙阳角处做护角线处理，都会起到保护墙体的作用。

（2）保证室内使用条件　室内墙面经过装饰装修变得平整、光滑，这样既便于清扫和保持卫生，又可以增加光线和反射，提高室内照度，保证人们在室内的正常工作和生活需要。

当墙体本身热工性能不能满足使用要求时，可以在墙体内侧结合饰面做保温隔热处理，提高墙体的保温隔热能力。一些有特殊要求的空间，通过选用不同材料的饰面，能达到防尘、防腐蚀、防辐射等目的。

内墙饰面的另一个重要功能是辅助墙体的声学功能。例如，反射声波、吸声、隔热等。影剧院、音乐厅、播音室等公共建筑空间就是通过墙体、顶棚和地面上不同饰面材料所具有的反射声波和吸声的性能，达到控制混响时间、改善音质和改善使用环境的目的。在人群集中的公共场所，也是通过饰面层吸声来控制和减轻噪声影响的。

（3）美化室内环境　内墙装饰装修在不同程度上起到装饰和美化室内环境的作用，这种装饰美化应与地面、顶棚等的装饰装修效果相协调，同家具、灯具及其他陈设相结合。由于内墙饰面属近距离观赏范畴，甚至有可能和人的身体发生直接的接触，因此，内墙饰面要特别注意考虑装饰因素对人的生理状况、心理情绪的影响作用。

第二节　隔墙及柱子装饰构造

一、隔墙的构造（轻钢龙骨纸面石膏板、轻质砖隔墙）

隔墙是分隔建筑内空间的非承重墙，构造上要求隔墙自重轻、厚度薄、刚度好，并应满足隔声、防潮、防火等使用功能的要求。常用隔墙的构造做法有

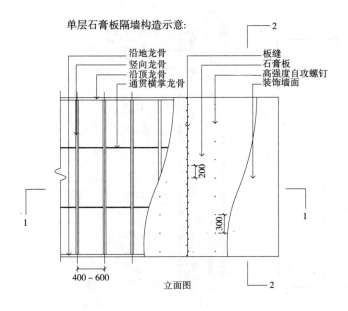

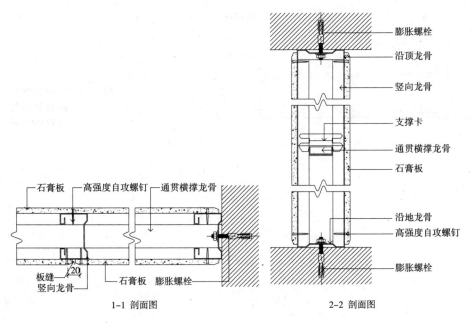

图 3-02 轻钢龙骨纸面石膏板隔墙单排龙骨构造

轻钢龙骨纸面石膏板隔墙、轻质砖隔墙等。

1. 轻钢龙骨纸面石膏板隔墙

轻钢龙骨纸面石膏板隔墙是由骨架（龙骨）和饰面材料组成的轻质隔墙。其优点是质量轻、强度高、施工作业简便、防火隔声性能好、墙体厚度小。

轻钢龙骨纸面石膏板隔墙常用薄壁轻型钢、铝合金或拉眼钢板做骨架，两侧铺钉饰面板。构造做法如图 3-02~ 图 3-04 所示

2. 轻质砖隔墙

轻质砖隔墙是用加气混凝土砌块、空心砌块及各种小型砌块等砌筑而成的

第三章 墙柱面装饰构造

双排龙骨隔墙构造示意：

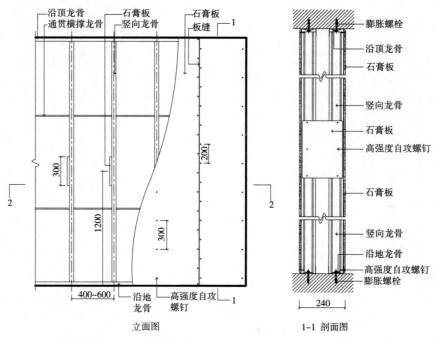

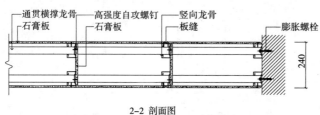

图 3-03 轻钢龙骨纸面石膏板隔墙双排龙骨构造

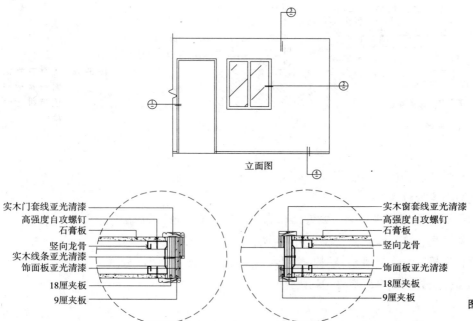

图 3-04 轻钢龙骨纸面石膏板隔墙节点构造

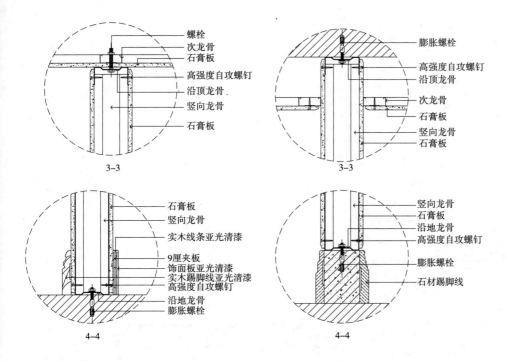

图 3-04 轻钢龙骨纸面石膏板隔墙节点构造（续）

轻质非承重墙，其特点是防潮、防火、隔声、取材方便、造价低等。轻质砖隔墙构造简单，砌筑时要注意块材之间的结合、墙体的稳定性、墙体的重量及刚度对楼板和主体结构的影响等问题。

轻质砖隔墙一般整砖顺砌，厚度为 90~120mm，由于厚度较薄、稳定性较差，所以需对墙身进行加固处理，同时不足一块轻质砌块的空隙用普通实心黏土砖镶砌。由于轻质砌块吸水性强，因此，应将隔墙下部 2~3 皮砖改用普通实心黏土砖砌筑。构造做法如图 3-05 所示。

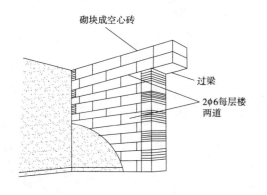 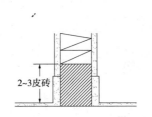

图 3-05 轻质砖隔墙节点构造

二、柱子装饰构造

建筑室内外的柱子所处的位置显著，是室内装饰装修的重点部分，与内墙面同属立面，因此，装饰构造基本相同。但由于造型及饰面材料的不同，柱子饰面构造做法有其特殊性。常用的有石材饰面板包柱、金属板包柱、木夹板包柱、铝塑板包柱。柱体造型有圆柱包圆柱、方柱包方柱、方柱改圆柱、方柱改异形柱居多。构造做法如图 3-06 所示：

第三章 墙柱面装饰构造

1. 方柱

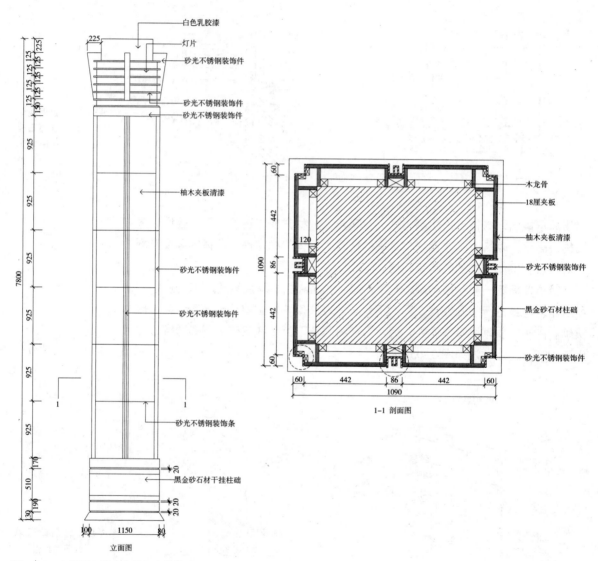

图 3-06 金属板、柚木夹板包方柱构造

2. 圆柱

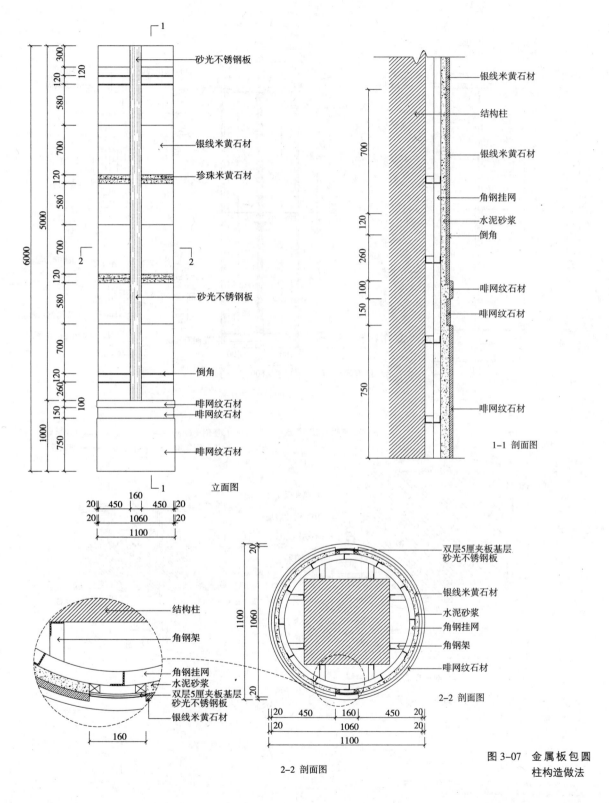

图 3-07 金属板包圆柱构造做法

3. 异形柱

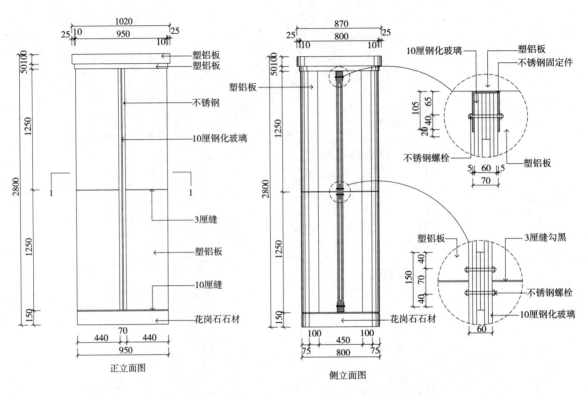

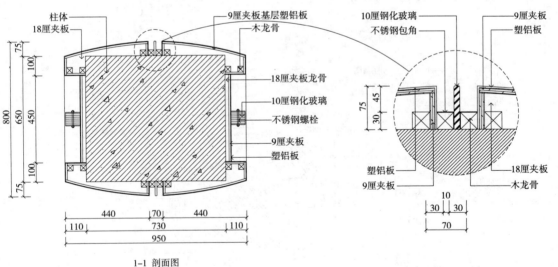

图 3-08 铝塑板包异形柱构造做法

第三节 抹灰类墙面装饰构造

一、抹灰类墙面的材料

抹灰类墙面主要以水泥砂浆、石灰砂浆、混合砂浆、聚合物水泥砂浆等为主要装饰材料，各种砂浆配合比见表3-01。

一般抹灰砂浆材料配合比　　　　　表3-01

序号	抹灰砂浆名称	组成成分	配合比值
1	石灰砂浆	石灰砂浆由石灰膏、砂和水组成	（石灰膏：砂）为1:2.5或1:3
2	水泥石灰砂浆	水泥石灰砂浆由水泥、石灰膏、砂和水组成	（水泥：石灰膏：砂）0.5:1:3、1:3:9、1:2:1、1:0.5:4、1:1:2、1:1:6、1:0.5:1、1:0.5:3、1:1:4、1:0.5:2、1:0.2:2
3	水泥砂浆	水泥砂浆由水泥、砂和水组成	（水泥：砂）1:1、1:1.5、1:2、1:2.5、1:3
4	聚合物水泥砂浆	聚合物水泥砂浆由水泥、108胶、砂和水组成	（水泥：108胶：砂）1:（0.05~0.1）:2
5	膨胀珍珠岩水泥浆	膨胀珍珠岩水泥浆由水泥、膨胀珍珠岩和水组成	（水泥：膨胀珍珠岩）为1:8
6	麻刀石灰	麻刀石灰由石灰膏、麻刀和水组成	每立方米石灰膏中约掺加12kg麻刀
7	纸筋石灰	纸筋石灰由石灰膏、纸筋和水组成	每立方米石灰膏中约掺加48kg纸筋
8	石膏灰	石膏灰由石膏粉和水组成	每1t石膏粉加水约0.7m³
9	水泥浆	水泥浆由水泥和水组成	每1t水泥加水约0.34m³
10	麻刀石灰砂浆	麻刀石灰砂浆由麻刀石灰砂和水组成	（麻刀石灰：砂）为1:2.5、1:3
11	纸筋石灰砂浆	纸筋石灰砂浆由纸筋石灰、砂和水组成	（纸筋石灰：砂）为1:2.5、1:3

二、抹灰类墙面装饰构造

抹灰类墙面主要是用各种加色的或不加色的水泥砂浆、石灰砂浆、混合砂浆、石膏砂浆、聚合物水泥砂浆等为主要装饰材料对墙面进行装饰装修的工程做法。抹灰类墙面因其造价低廉、施工简便、效果良好，在建筑墙体装饰中得到广泛应用。按照装饰的效果和所用材料分类，抹灰类墙面分为一般抹灰和装饰抹灰。

1. 分层构造

墙面抹灰一般是由底层抹灰、中层抹灰和面层抹灰三部分组成，如图3-09所示。

（1）底层抹灰　底层抹灰又称"刮糙"，主要是对墙基进行表面处理，起到与基层粘结和初步找平的作用，施工时应先清理基层，除去浮尘，保证与基层粘结牢固。底层砂浆根据基层材料和受水浸湿情况的不同，可分别选择石灰砂浆、混合砂浆和水泥砂浆。

（2）中层抹灰 中层抹灰是在底层抹灰的基础上再次找平、弥补底层抹灰的干缩裂缝并与面层抹灰结合，所用材料与底层抹灰基本相同，可一次抹成，也可根据面层平整度和抹灰质量要求分多次抹成。

（3）面层抹灰 面层抹灰又称"罩面"，主要起装饰作用。要求表面平整、无裂痕、颜色均匀，满足装饰装修要求。

2. 一般抹灰墙面的构造

一般抹灰主要是满足建筑物的使用要求，对墙面进行基本的装饰装修处理，按质量要求分为两级：普通和高级。一般抹灰墙面的构造见表3-02。

3. 装饰抹灰墙面的构造

装饰抹灰是指利用材料特点和工艺处理使抹灰面具有不同质感、纹理和色泽效果的抹灰。装饰抹灰除了具有与一般抹灰相同的功能外，还具有明显的装饰效果。装饰抹灰墙面的构造见表3-03。

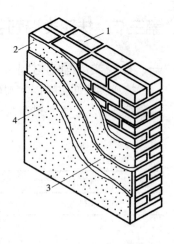

图3-09 抹灰类墙面构造组成
1—墙体基层；2—底层；3—中层；4—面层

普通抹灰墙面的构造做法 表3-02

抹灰名称	构造做法	应用范围
混合砂浆抹灰	底层 1:1:3水泥、石灰、沙子加麻刀6mm厚 中层 1:3:6水泥、石灰、沙子加麻刀10mm厚 面层 1:0.5:3水泥、石灰、沙子8mm厚	一般砖石墙面
水泥砂浆抹灰	素水泥浆一道内掺水重3%~5%的108胶 底层 1:3水泥砂浆（扫毛或划出条纹）14mm厚 面层 1:2.5水泥砂浆6mm厚	有防潮要求的房间
纸筋麻刀灰抹灰	底层 1:3石灰砂浆13mm厚 面层 纸筋或麻刀灰2mm厚	一般民用建筑砖石内墙面
石膏灰罩面	底层 1:2~1:3麻刀砂浆13mm厚 面层 石膏灰2~3mm厚（分三遍完成）	高级装修的室内抹灰罩面
膨胀珍珠岩灰浆罩面	底层 1:2~1:3麻刀砂浆13mm厚 面层 100:(10~20):(3~5)水泥:石灰膏:膨胀珍珠岩2mm厚	有保温隔热要求的建筑内墙面

装饰抹灰墙面的构造做法 表3-03

抹灰名称	构造做法	应用范围
拉毛饰面	底层 1:0.5:4水泥石灰砂浆打底13mm厚 待底灰6~7成干时刷素水泥浆一道 面层 1:0.5:1水泥石灰砂浆拉毛（厚度视拉毛长度而定）	用于对音响要求较高的建筑的内墙抹灰
甩毛饰面	底层 1:3水泥砂浆13~15mm厚 面层 1:3水泥砂浆或混合砂浆甩毛	用于建筑的外墙面及对音响要求较高的内墙面抹灰
喷毛饰面	底层 1:1:6混合砂浆12mm厚 面层 1:1:6水泥石灰膏混合砂浆，用喷枪喷两遍	一般用于公共建筑的外墙面

续表

抹灰名称	构造做法		应用范围
拉条抹灰	底层	同一般抹灰	一般用于公共建筑门厅、影剧院观众厅墙面
	面层	1∶2.5∶0.5的水泥细黄沙纸筋灰混合砂浆，用拉条模拉线条成型（厚度<12mm）	
扫毛抹灰	底层	处理同一般抹灰	一般用于公共建筑内墙抹灰或外墙的局部装饰
	面层	材料同拉条抹灰，用竹丝帚扫出条纹（10mm厚）	
扒拉灰	底层	1∶0.5∶3.5混合砂浆或1∶0.5∶4水泥白灰砂浆12mm厚	一般用于公共建筑外墙面
	面层	1∶1水泥砂浆或1∶0.3∶4水泥白灰砂浆罩面10~12mm厚用钉耙子挠去水泥浆皮	
扒拉石	底层	1∶0.5∶3.5混合砂浆或1∶0.5∶4水泥白灰砂浆12mm厚	一般用于公共建筑外墙面
	面层	1∶1水泥石碴浆10~12mm厚用钉耙子挠去水泥浆皮	
假面砖饰面	底层	1∶3水泥砂浆打底12mm厚 1∶1水泥砂浆垫层3mm厚	一般用于民用建筑外墙面或内墙局部装饰
	面层	水泥∶石灰膏∶氧化铁黄∶氧化铁红∶沙子=100∶20∶（6~8）∶2∶150（质量比）用铁钩及铁梳作出砖样纹（3~4mm厚）	
斩假石饰面	底层	1∶3水泥砂浆刮素水泥浆一道15mm厚	一般用于公共建筑重点装饰部位
	面层	1∶1.25水泥石渣浆10mm厚用剁斧剁斩出类似石材经雕琢的纹理效果	
拉假石饰面	底层	1∶3水泥砂浆刮素水泥浆一道15mm厚	用于中低档公共建筑局部装饰
	面层	1∶2水泥石屑浆（体积比）8~10mm厚用锯齿形工具挠刮去表面水泥露出石渣	
水刷石饰面	底层	1∶3水泥砂浆15mm厚	用于外墙重点装饰部位及勒脚装饰工程
	面层	1∶（1~1.5）水泥石渣浆（厚度为石渣粒径的2.5倍）半凝固后刷去表面的水泥浆	
干粘石饰面	底层	1∶3水泥砂浆7~8mm厚	用于民用建筑及轻工业建筑外墙饰面
	面层	水泥∶石灰膏∶沙子∶108胶=100∶50∶200∶（5~15），厚度4~5mm	
喷粘石饰面	底层	1∶3水泥砂浆15mm厚	用于民用建筑及轻工业建筑外墙饰面，但勒脚不宜采用
	面层	水泥∶石灰膏∶沙子∶108胶=100∶50∶100∶（10~15）用机械喷射石渣面层4~5mm厚	

第四节　贴面类墙面装饰构造

一、贴面类墙面装饰构造概述

　　贴面类墙体饰面是将大小不同的块材通过构造连接镶贴于墙体表面形成的墙体饰面。常用的墙体贴面材料有三类：一是陶瓷制品，如瓷砖、面砖、陶瓷马赛克、玻璃马赛克等；二是天然石材，如大理石、花岗石等；三是预制块材，如水磨石饰面板、人造石材等。贴面类墙面材料的特点和适用范围见表3-04、3-05。

陶瓷制品饰面块材（单位：mm） 表 3-04

饰面块材名称	常见规格 长×宽×厚度	特点	适用范围
釉面瓷砖	152×152×5 152×152×6	表面光滑易清洗，颜色、印花、图案多样	多用于卫生间、厨房、浴室、实验室、游泳池等处饰面工程
面砖（又称外墙皮砖）	113×77×17 146×113×17 233×113×17 265×113×17	颜色多样，要求颜色和规格都应一致，无凹凸不平、裂缝夹心和缺釉现象，应整齐规范	主要用于外墙面、柱面、窗心墙、门窗套等部位
陶瓷锦砖（又称马赛克）	39×39×5 23.6×23.6×5 18.5×18.5×5 15.2×15.5×4.5	分为陶瓷和玻璃两种，每张为325×325大块。质地坚实、经久耐用，色泽多样、耐酸碱、耐水、耐磨、易清洗	适用于餐厅、卫生间、浴室地面、内墙面及外墙面的装饰，以及大厅等的艺术壁画装饰

饰面石材 表 3-05

石材种类	石材名称	特点	适用范围
天然石材	大理石	质地均匀细密，硬度小，易于加工和磨光，表面光洁如镜，棱角整齐，美丽大方。但其耐候性较花岗石差	主要用于建筑室内装饰装修饰面
	花岗石	质地坚硬密实，加工后表面平整光滑，棱角整齐，耐酸碱、耐冻	适用于建筑室内外装饰装修饰面
人造石材	人造大理石	花色可仿大理石，装饰效果好，表面抗污染性强，耐火性好，易于加工	主要用于建筑室内装饰装修饰面
	人造花岗石	花色可仿花岗石，装饰效果好，表面抗污染性强，耐火性好，易于加工	主要用于建筑室内装饰装修饰面

二、贴面类墙面装饰构造（直接类、干挂类）

按照墙体饰面材料的形状、重量、适用部位不同，其构造方法也有一定差异，可分为直接类和挂贴类。

1. 直接类

质量轻、面积小的饰面材料如：瓷砖、面砖、陶瓷马赛克、玻璃马赛克等，可以直接采用砂浆等粘结材料镶贴，构造做法基本相同。但由于各饰面材料的性质的差别，粘贴做法略有不同。

（1）面砖饰面

面砖多数是以陶土为原料，砖的表面分平滑的和带一定纹理质感的，面砖背部质地粗糙且带有凹槽，以增强面砖和砂浆之间的粘结力。

面砖饰面的构造做法：先在基层上抹15mm厚1:3的水泥砂浆作底灰，分两层抹平即可；粘贴砂浆用1:2.5水泥砂浆或1:0.2:2.5水泥石灰混

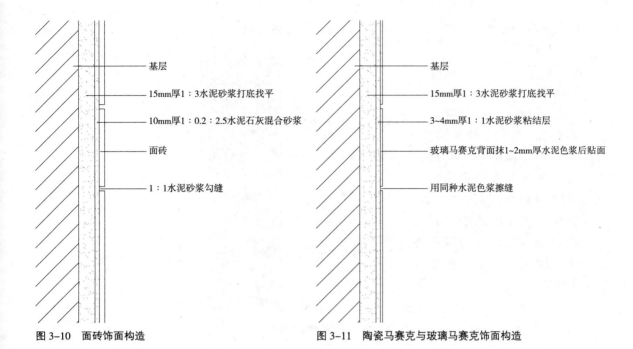

图 3-10 面砖饰面构造　　　　图 3-11 陶瓷马赛克与玻璃马赛克饰面构造

合砂浆，其厚度不小于 10mm，然后在其上贴面砖，并用 1∶1 白色水泥砂浆填缝。

如图 3-10 所示。

（2）瓷砖饰面

瓷砖饰面的构造做法：1∶3 水泥砂浆厚 10~15mm 打底，；1∶0.1∶2.5 水泥石灰膏混合砂浆厚 5~8mm 粘贴，贴好后用清水将表面擦洗干净，然后用白水泥擦缝。

（3）陶瓷马赛克与玻璃马赛克饰面

如图 3-11 所示。

（4）人造石材饰面

1）砂浆粘贴法

人造石材薄板的构造做法比较简单，通常采用 1∶3 水泥砂浆打底，1∶0.3∶2 的水泥石灰混合砂浆或水泥∶108 胶∶水 =10∶0.5∶2.6 的 108 胶水泥浆粘结镶贴板材。

2）聚酯砂浆固定法

聚酯砂浆固定法是先用胶砂比 1∶（4.5~5）的聚酯砂浆固定板材四角和填满板材之间的缝隙，待聚酯砂浆固化并能起到固定作用以后，再进行灌浆操作，如图 3-12 所示。

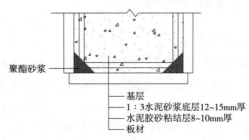

图 3-12 聚酯砂浆固定法构造

3）树脂胶粘贴法

如图3-13所示。

2. 干挂类

质量重、面积大的饰面材料如：花岗石、大理石等，则必须采取相应的构造连接措施，才能保证与主体结构的连接强度。传统做法是采用钢筋网挂法，板材与墙体之间灌筑1∶2.5水泥砂浆。由于水泥砂浆会发生反碱现象，造成板材表面污染，因此现在常采用的构造做法是干挂法。

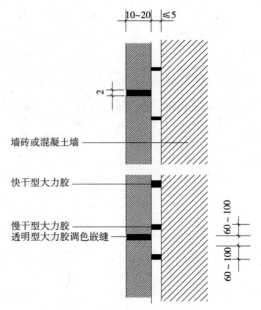

图3-13 树脂胶粘贴法构造

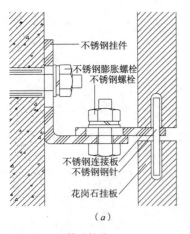
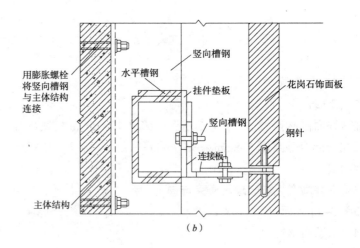

图3-14 干挂法构造
（a）直接干挂法；（b）间接干挂法

第五节 涂刷类墙面装饰构造

一、涂刷类墙面装饰构造概述

涂刷类墙面的材料在被覆盖材料（金属和非金属）表面形成的涂膜能够隔离空气、水分、阳光、微生物以及其他腐蚀介质，使被覆体免受侵蚀。同时，涂料的装饰作用通过色彩、光泽、纹理等方面来实现，但又较其他饰面材料更具独特作用。透明清漆可提高和加强饰面材料的表现特征；质感涂料还能通过涂装工具使涂膜形成各种独特而又抽象的立体肌理；有的涂料通过调配色彩和涂装手法使被涂物表面形成仿自然纹理；有的涂料还能使物体表面呈现特殊的荧光、珠光和金属光泽。

涂料的品种繁多，其分类方法也多种多样，按涂料状态分有溶剂型涂料、水溶型涂料、乳液型涂料、粉末涂料；按涂料装饰质感分有薄质涂料、厚质涂料、复层涂料；按建筑物涂刷部位分有内墙涂料、外墙涂料、地面涂料、顶棚涂料、屋面涂料；按涂料的特殊功能分有防火涂料、防水涂料、防霉涂料、防虫涂料、防结露涂料；按主要成膜物质分有油脂、天然树脂、酚醛树脂、沥青、醇酸树脂、氨基树脂、聚酯树脂、环氧树脂、丙烯酸树脂、烯类树脂、硝基纤维素、纤维酯、纤维醚、聚氨基甲酸酯、元素有机聚合物、橡胶、元素无机聚合物。

二、涂刷类墙面装饰构造

涂刷类饰面是在墙面基层上，经批刮腻子处理使墙面平整，然后涂刷选定的建筑涂料所形成的一种饰面。

涂刷类饰面且具有工效高、工期短、材料用量少、自重轻、造价低、维修更新方便等优点，但涂刷类饰面的耐久性略差。

涂刷类饰面材料色彩丰富，品种繁多，为建筑装饰设计提供灵活多样的表现手段。但由于涂料所形成的涂层薄且平滑，即使采用厚涂料，或拉毛做法，也只能形成微弱的小毛面，不能形成凹凸程度较大的粗糙质感表面。所以，涂刷类饰面的装饰作用主要在于改变墙面色彩，而不在于改善质感。

涂刷类饰面的涂层构造，一般可分为三层：底层、中间层和面层。

1. 底层

底层俗称刷底漆，直接涂刷在满刮腻子找平的基层上。主要作用是增加涂层与基层之间的黏结力，清理基层表面的灰尘，使部分悬浮的灰尘颗粒固定于基层。另外，底漆还兼具有基层封闭剂（封底）的作用，可以防止木脂、水泥砂浆抹灰层中的可溶性盐等物质渗出表面，造成对涂饰饰面的破坏。

2. 中间层

中间层是整个涂层构造中的成型层。其作用是通过适当的施工工艺，形成具有一定厚度的、匀实饱满的涂层，达到保护基层和形成所需要的装饰效果的目的。中间层的质量，可以保证涂层的耐久性、耐水性和强度，在某些情况下还对基层起到补强的作用，近年来常采用厚涂料、白水泥、砂粒等材料配制中间成型层的涂料。

3. 面层

面层的作用主要在于体现涂层的色彩和光感，提高饰面层的耐久性和耐污染能力。面层最低限度应涂刷两遍，以保证涂层色彩均匀，并满足耐久性、耐磨性等方面的要求。一般情况下，油性漆、溶剂型涂料的光泽度要高一些。

第六节　裱糊类墙面装饰构造

一、裱糊类墙面装饰构造概述

裱糊类墙面是指用卷材类饰面材料，通过裱糊或铺钉等方式覆盖在墙体外表面而形成的一种内墙面饰面。裱糊类墙面装饰装修，经常使用的饰面卷材有壁纸、壁布、皮革、微薄木等。卷材装饰施工方便，由于卷材是柔性装饰材料，适宜于在曲面、弯角、转折、线脚等处成型粘贴，可获得连续的饰面，属于较高级的饰面类型。

在裱糊类饰面材料中，壁纸的使用最为广泛普遍。壁纸的种类很多，常用的分类为三种，即普通壁纸、发泡壁纸和特种壁纸。

二、裱糊类墙面装饰构造

各种壁纸均应粘贴在具有一定强度、平整光洁的基层上，如水泥砂浆、混合砂浆、混凝土墙体、石膏板等。

1. 基层

（1）满刮腻子，砂纸打磨平整，使基层表面平整、光洁、干净，不疏松掉粉，并有一定强度。

（2）为了避免基层吸水过快，应进行封闭处理，即在基层表面用稀释的108胶水涂刷基层一遍，进行基层封闭处理。

2. 墙纸墙布

为防止壁纸遇水后膨胀变形，壁纸裱糊前应做预处理。各种壁纸预处理方法如下：

（1）无毒塑料壁纸裱糊前应先在壁纸背面刷清水一遍后，立即刷胶；或将壁纸浸入水中 3~5min 后，取出将水抖净，静置约 15min 后，再行刷胶。

（2）复合壁纸不得浸水，裱糊前应先在壁纸背面涂刷胶粘剂，放置数分钟。裱糊时，应在基层表面涂刷胶粘剂。

（3）纺织纤维壁纸不宜在水中浸泡，裱糊前宜用湿布清洁背面。

（4）带背胶的壁纸裱糊前应在水中浸泡数分钟。

（5）金属壁纸裱糊前浸水 1~2min，阴干 5~8min 后在其背面刷胶。

（6）玻璃纤维墙布和无纺布不需做胀水处理，背面不能刷胶粘剂，胶粘剂应直接刷在基层上。

3. 面层

裱糊工艺有搭接法、拼缝法、推贴法等，裱糊时应保证壁纸壁布表面平整，无明显搭接痕迹。

第七节　镶板类墙面装饰构造

一、镶板类墙面装饰构造概述

镶板类墙面是指用竹、木及其制品，石膏板、矿棉板、塑料板、玻璃、薄金属板材等材料制成的饰面板，通过镶、钉、拼、贴等构造方法构成的墙面饰面。这些材料有较好的接触感和可加工性，所以在建筑装饰中被大量采用。

不同的饰面板，因材质不同，可以达到不同的装饰效果。如采用木条、木板做墙裙、护壁使人感到温暖、亲切、舒适、美观；采用木材还可以按设计需要加工成各种弧面或形体转折，若保持木材原有的纹理和色泽，则更显质朴、高雅；采用经过烤漆、镀锌、电化等处理过的铜、不锈钢等金属薄板饰面，则会使墙体饰面色泽美观，花纹精巧，装饰效果华贵。

二、镶板类墙面装饰构造

根据墙体所处环境选择适宜的饰板材料，若技术措施和构造处理合理，墙体饰面必然具有良好的耐久性。

镶板类墙面的构造主要分为骨架、面层两部分。

1. 骨架

先在墙内预埋木砖，墙面抹底灰，刷热沥青或铺油毡防潮，然后钉双向木墙筋，间距400~600mm（视面板规格而定），木筋断面（20~45）mm×（40~45）mm。

2. 面层

面层饰面板通过镶、钉、拼、贴等构造方法固定在墙体基层骨架上。如图3-15所示。

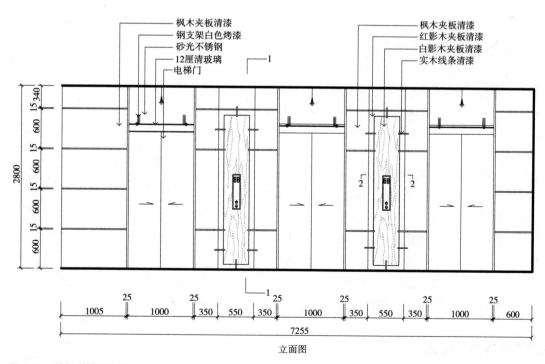

图 3-15　镶板类墙面构造

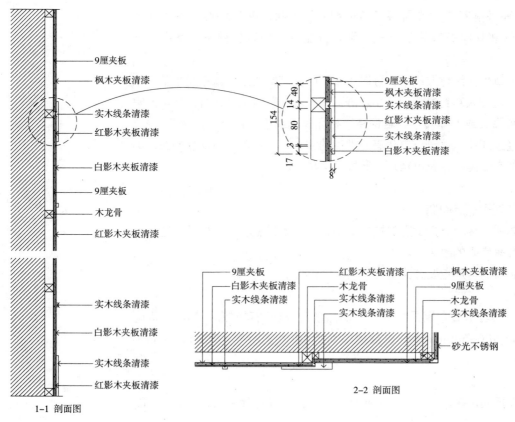

图 3-15 镶板类墙面构造（续）

第八节 软包类墙面装饰构造

一、软包类墙面装饰构造概述

软包类墙面是室内高级装饰做法之一，具有吸声、保温、质感舒适等特点，适用于室内有吸声要求的会议室、多功能厅、录音室、影剧院局部墙面等处。

软包类墙面的材料主要由底层材料、吸声层材料、面层材料三部分组成。底层材料采用阻燃型胶合板、FC 板、埃特尼板等。FC 板或埃特尼板是以天然纤维、人造纤维或植物纤维与水泥等为主要原料，经烧结成型、加压、养护而成，比阻燃型胶合板的耐火性能高一级。吸声层材料采用轻质不燃、多孔材料，如玻璃棉、超细玻璃棉、自熄型泡沫塑料等。面层材料采用阻燃型高档豪华软包面料，常用的有各种人造皮革、豪华防火装饰布、针刺超绒、背面深胶阻燃型豪华装饰布及其他全棉、涤棉阻燃型豪华软质面料。

二、软包类墙面装饰构造

软包饰面的构造组成主要有骨架、面层两大部分。

1. 骨架

墙内预埋防腐木砖，墙面抹底灰，均匀涂刷一层青油或满铺一层油纸，然后钉双向木墙筋，间距400~600mm（视面板规格而定），木筋断面（20~45）mm×（40~45）mm。

2. 面层

（1）无吸声层软包饰面构造做法　将底层阻燃型胶合板就位，并将面层面料压封于木龙骨上，底层及面料钉完一块，再继续钉下一块，直至全部钉完为止，如图3-16（a）所示。

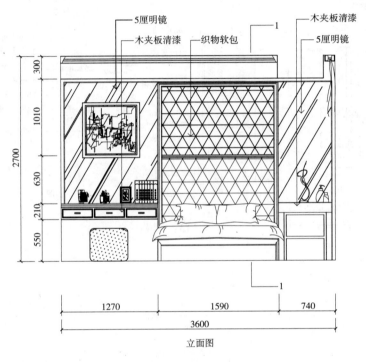

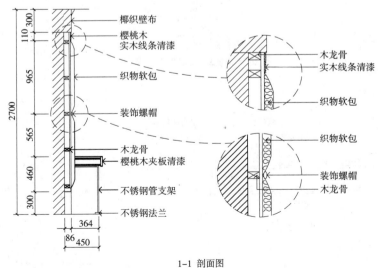

图3-16（a）软包类墙面装饰构造做法（一）

（2）有吸声层软包饰面构造做法　将底层阻燃型胶合板钉于木龙骨上，然后以饰面材料包矿棉（海绵、泡沫塑料、棕丝、玻璃棉等）覆于胶合板上，并用暗钉将其钉在木龙骨上。

如图3-16（b）、（c）所示。

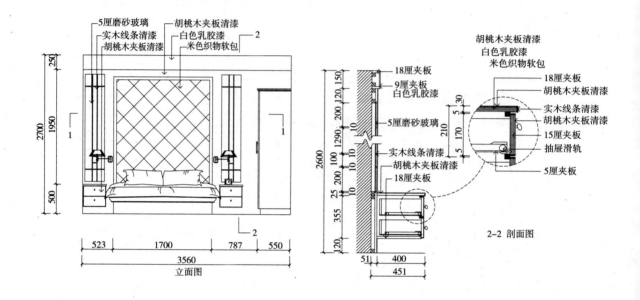

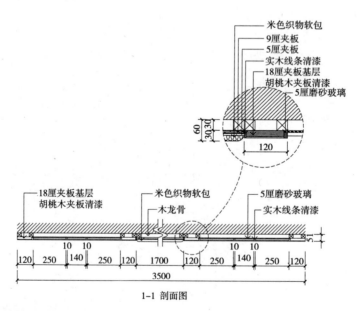

图3-16（b）　软包类墙面装饰构造做法（二）

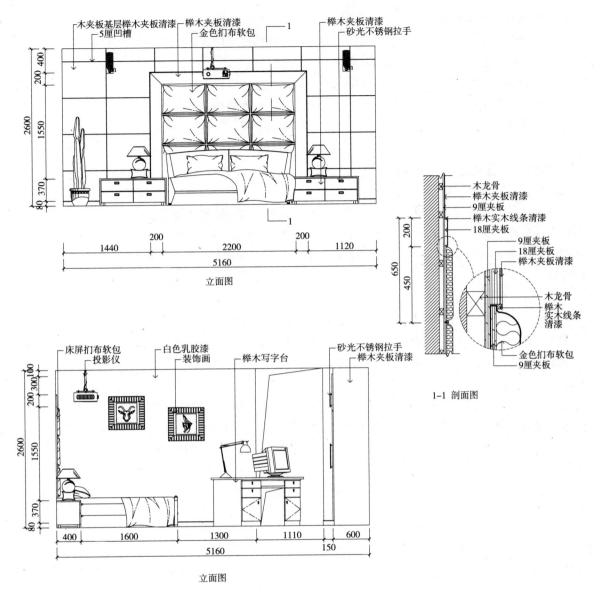

图 3-16（c） 软包类墙面装饰构造做法（三）

第九节　墙面装饰构造设计指导

一、设计步骤和方法

1. 教学方式和方法。按设计指导书要求和步骤，学生动手设计，教师进行一对一辅导，做到发现问题随时解决。针对学生暴露出来的具有代表性的问题进行讲解与总结。

2. 根据镶板类装饰特点和会议室使用功能，设计绘制墙面装饰立面图，注明细部尺寸及板材规格及材质。

3. 根据会议室墙面装饰立面图绘制墙面装饰剖面图。
4. 绘制选用镶板类节点详图、大样图，并注明具体材料及做法。
5. 绘制会议室立面图上装饰线的节点详图。
6. 绘制会议室立面图上不同材质相交处的节点详图。
7. 最后检查校对各道尺寸，详图索引符号和详图符号确保正确一致。
8. 未尽事宜参见设计任务书。

二、某装饰工程墙面装饰构造节点设计过程

1. 墙面装饰立面图

根据墙面装饰构造节点设计任务书中的立面示意图，按照使用功能要求绘制墙面装饰设计立面图，表示出立面图案、细部尺寸、板材规格及材质，并在需要绘制剖面图的部位绘制剖切符号，在需要绘制节点详图的部位引出详图索引符号。

2. 墙面装饰构造剖面图

根据墙面装饰立面图的设计，按照立面图上剖切符号的位置绘制墙面装饰剖面图，表示出剖面图中的细部尺寸、材料构造层次、材料规格及材质，并在需要绘制节点详图的部位引出详图索引符号。

3. 墙面装饰构造节点详图

查阅镶板类装饰设计及装饰构造相关参考资料，选用参考资料中的构造做法，按照墙面装饰立面图和剖面图中的各种材质要求，绘制相应的装饰构造节点详图。在绘制过程中按照制图规范要求，正确运用详图索引符号和详图符号。

思考题

1. 简述墙面装饰装修的分类及功能。
2. 简述抹灰类墙面的分层构造及各层抹灰的作用。
3. 简述裱糊类墙面的构造做法。
4. 软包类墙面的材料有哪三部分组成？各组成部分材料有哪些？

实训项目

1. 画出一轻钢龙骨纸面石膏板的隔墙构造。
2. 设计 1 款装饰柱，并画出柱子装饰构造节点图。
3. 设计 1 石材干挂墙面，并画出装饰构造节点图。
4. 设计 1 镶板类装饰装修墙面，并画出装饰构造节点图。
5. 设计 1 软包类装饰装修墙面，并画出装饰构造节点图。

项目 3-1　镶板类墙面装饰装修施工图设计

一、设计目的

掌握镶板类内墙装饰构造，会设计镶板类装饰装修饰面施工图。

二、设计条件

已知某会议室内墙立面如图 3-17 所示。试根据此图设计会议室镶板类装饰装修剖面图及节点详图，并达到施工图深度。

三、设计内容及深度要求

用 2 号制图纸，以铅笔或墨线笔完成以下图样，比例自定。要求施工图深度符合国家制图标准。

1. 会议室镶板类装饰装修立面图，标注细部尺寸及立面选用材料。
2. 镶板类饰面的纵剖面图，并标注各分层构造及具体构造做法。
3. 会议室立面图上装饰线的节点详图。
4. 会议室立面图上不同材质相交处的节点详图。

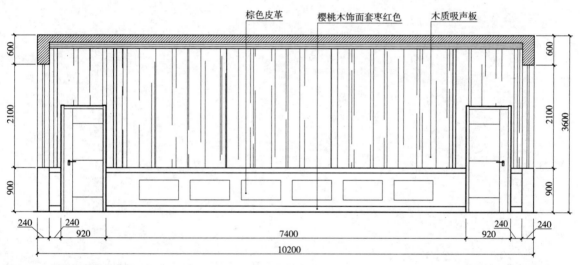

图 3-17　会议室内墙立面图

第四章　顶棚装饰构造

建筑装饰构造

一、教学目标

最终目标：会设计并绘制顶棚图、顶棚装饰剖面图、节点详图、大样图。
促成目标：
1. 能识读顶棚装饰构造节点详图；
2. 能根据顶棚装饰设计分析顶棚装饰材料做法；
3. 能根据顶棚装饰设计分析顶棚装饰构造做法；
4. 能根据顶棚装饰设计绘制顶棚剖面图；
5. 能根据顶棚装饰设计绘制顶棚装饰构造节点详图、大样图。

二、工作任务

1. 查找常见顶棚装饰构造做法资料；
2. 绘制顶棚装饰平面图；
3. 绘制顶棚装饰剖面图；
4. 绘制顶棚装饰构造节点详图、大样图。

作为室内设计员要完成顶棚装饰施工图设计，必须掌握相关建筑制图规范，了解顶棚装饰构造原理、构造做法等知识，掌握常见顶棚装饰构造类型和装饰构造做法等，并能依据室内使用功能和顶棚方案设计图对顶棚进行剖面图设计和节点详图设计等。顶棚装饰构造节点设计是为了全面训练学生识读、绘制建筑装饰施工图的能力，检验学生学习和运用顶棚装饰构造知识的程度而设置的。

三、项目案例导入：某装饰工程顶棚构造设计

通过项目带出本章主要的学习内容，使学生首先建立起本章学习目标的感性认识。顶棚是建筑物中覆盖空间的建筑构件，是建筑装饰设计的主要部位之一，在室内设计中起着重要作用。顶棚装饰构造是实现顶棚装饰设计的技术措施，顶棚装饰构造处理得当与否，对建筑功能、建筑空间环境气氛和美观影响很大，应根据不同的使用和装饰要求选择相应的材料、构造方法，以达到设计的实用性、经济性、美观性。

四、某装饰工程顶棚装饰构造设计任务书

1. 设计目的

能够根据各类顶棚装饰装修的特点，结合房间使用功能，确定其顶棚的装饰构造类型，掌握直接式、悬吊式等各类顶棚的构造做法，熟练地绘制出各类顶棚的装饰设计施工图。

2. 设计条件

已知某公司大开间办公室效果图和原始顶棚图，如图 4-01~ 图 4-04 所示。试根据其设计并绘制它的顶棚平面图、剖面图及节点详图，并达到施工图深度。

图 4-01 大开间办公室原始顶棚照片（一）

图 4-02 大开间办公室原始顶棚照片（二）

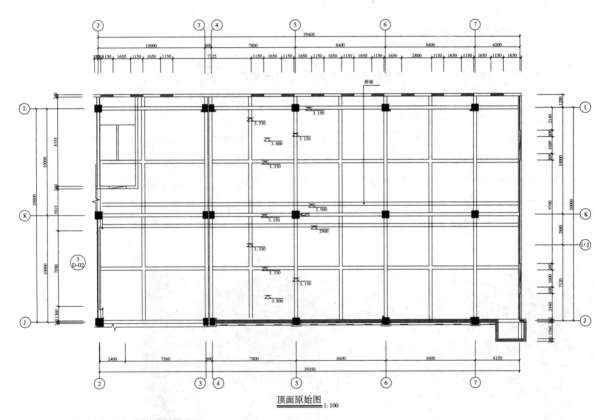

图 4-03 大开间办公室原始顶棚平面图

3. 设计内容及深度要求

用 2 号图纸，以铅笔或墨线笔完成以下图样，比例自定。要求施工图深度符合国家制图标准。

（1）大开间办公室顶棚平面图，标注细部尺寸、标高及顶棚材料。

（2）剖面图及节点详图。

图 4-04 大开间办公室顶棚效果图

第一节 顶棚装饰概述

顶棚是位于楼板和屋面板下的建筑室内空间上部的覆盖层，是室内空间上部通过采用各种材料及形式组合，形成具有使用功能与美学目的的建筑装饰构件，又称天棚、吊顶、天花板等。

我国顶棚的装饰工程历史悠久，如古代建筑的藻井，一般做成向上隆起的井状，有方形、多边形或圆形凹面，周围饰以各种花纹、雕刻和彩绘，多用在宫殿、寺庙中的宝座、佛坛上方最重要部位，如图 4-05 所示。近代，随着科学发展、工艺改进，顶棚装饰又有了新的内容，如石膏板防火吊顶、矿棉吸声板吊顶、网架吊顶、发光顶棚、金属挂片等。

图 4-05 故宫太和殿天花正中的藻井

图 4-06 软膜天花发光顶棚

一、顶棚装饰构造分类

顶棚装饰构造的种类繁多，分类标准不同，分类方式也不一样：

1. 按构造分类

根据装饰构造做法的不同可以分为直接式、悬吊式、结构式，如图 4-07 所示。

悬吊构造示意

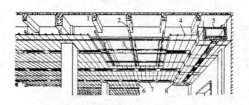
吊顶悬挂板示意
1-主龙骨；2-吊筋；3-次龙骨；4-间距龙骨；
5-风道；6-吊顶面层；7-灯具；8-出风口

图 4-07 悬吊式顶棚示意图

2. 按龙骨材料分类

根据龙骨材料的不同可以分为木龙骨顶棚、金属龙骨顶棚等。

图 4-08 木龙骨吊顶

第四章 顶棚装饰构造

二、顶棚装饰构造基本功能

1. 遮蔽设备工程

在建筑使用功能中,有空调、消防、强电、弱电、监控、水暖等管道和设备工程功能的需求,同时还要保证它们的管道和设备的安装及维修方便,我们常常利用顶棚把设备工程遮蔽起来,饰面留出检修孔、空调送风口、回风口等,如图 4-09 所示。

2. 增强空间效果

许多大型超市为了节约装修成本,不进行顶棚处理,可以完全看到设备工程的管道、桥架,体现出设备工程的结构之美。但一般中高档装修中往往对顶棚做层叠处理,再通过灯光的二次造型丰富空间层次,增强空间的艺术性,如图 4-10 所示。

图 4-09 轻钢龙骨上的设备、管道示意图

图 4-10 某办公建筑顶棚造型设计

3. 其他功能

有些顶棚由于采用了像吸声矿棉板、吸声板、吸声岩棉等材料能起到很好的吸声、隔声效果；在层高较高的空间中由于吊顶使原有顶棚层高降低，能起到一定保温、节能作用；顶棚防火材料的使用还能对建筑室内防火起到一定的作用。

第二节 直接式顶棚装饰构造

直接式顶棚是指在屋面板或者楼板结构底面上直接做饰面材料的顶棚。它结构简单、构造层厚度小、施工方便，不能隐藏管线、设备等，材料用量少，施工方便，造价低廉，一般用于层高比较低、装饰性要求不高的住宅、厂房、办公楼等建筑空间。

直接式顶棚根据其使用材料和施工工艺可分为：抹灰类顶棚、裱糊类顶棚、喷涂刷类顶棚、结构式顶棚等。

一、抹灰类顶棚的构造

在楼板的底面上直接抹灰的顶棚，称为"直接抹灰顶棚"。直接抹灰顶棚主要有纸筋灰抹灰、石灰砂浆抹灰、水泥砂浆抹灰等。普通抹灰用于一般建筑或简易建筑，甩毛等特种抹灰用于声学要求较高的建筑。直接抹灰的构造做法为：先在顶棚的基层（楼板底）上刷一遍纯水泥浆，使抹灰层能与基层很好地粘合，然后用混合砂浆打底，再做面层。要求较高的房间，可在底板增设一层钢丝网，在钢丝网上再做抹灰，这种做法强度高、结合牢，不易开裂脱落。抹灰面的做法和构造与抹灰类墙面装饰相同，如图 4-11 所示。

图 4-11 直接抹灰顶棚

二、裱糊类顶棚的构造

有些要求较高、面积较小的房间顶棚面，也可采用直接贴壁纸、贴壁布及其他织物的饰面方法。这类顶棚主要用于装饰要求较高的建筑，如宾馆的客房、住宅的卧室等空间。裱糊类顶棚的基层一定要平整，一般会在基层上刷清漆做防水处理，然后再用专业胶水把壁纸、壁布等裱糊类材料粘贴在基层上，如图4-12所示。

图 4-12　裱糊类顶棚

三、喷、涂刷类顶棚的构造

喷、涂刷类顶棚是在楼板的底面上直接用浆料喷刷而成的。常用的材料有石灰浆、大白浆、色粉浆、彩色水泥浆、可赛银等。对于楼板底较平整又没有特殊要求的房间，可在楼板底嵌缝后，直接喷刷浆料，其具体做法可参照涂刷类墙体饰面的构造。喷刷类装饰顶棚主要用于一般办公室、宿舍等建筑，有时为了节约成本也会用在一些商业建筑室内空间中，如图4-13所示。

图 4-13　喷、涂刷类顶棚

四、结构式顶棚的构造

将屋盖或楼盖结构暴露在外,利用结构本身的韵律做装饰,不再另做顶棚,称为结构式顶棚。例如:在网架结构中,构成网架的杆件本身很有规律,充分利用结构本身的艺术表现力,能获得优美的韵律感;在拱结构屋盖中,利用拱结构的优美曲面,可形成富有韵律的拱面顶棚。

结构式顶棚充分利用屋顶结构构件,并巧妙地组合照明、通风、防火、吸声等设备,形成和谐统一的空间景观。一般应用于大型超市、体育馆、展览厅等大型公共性建筑中,如图 4-14 所示。

图 4-14 结构式顶棚

五、直接式顶棚的细部

1. 线脚

线脚又称装饰线条,是直接式顶棚和墙面之间的具有装饰和界面交接处理功能的构件。一般有实木线条、石膏线条、EPS 线条等,有时一些小的管线、护套线也会从这类线脚中穿过。

2. 灯具

灯具是满足空间采光的人工照明工具,一般像嵌入式筒灯、日光灯盘之类的灯具无法安装在直接式顶棚上。直接式顶棚和灯具的结合一般分为两种:直接吸顶式和悬吊式。这里和悬吊式顶棚装饰构造不同的是灯具的连接点是和楼板或屋面板直接连接的,一般通过预埋件或者膨胀螺栓连接。

第三节　悬吊式顶棚装饰构造

悬吊式顶棚又称吊顶,其饰面层和楼板或者屋面板之间有一定的空间距离,通过吊件连接,在之中的空间里可以布置各种管道和设备,饰面层可以设计成不同的层次和材料,空间效果丰富。悬吊式顶棚样式多变、材料丰富、造价高。

一、悬吊式顶棚材料

悬吊式顶棚材料品种繁多,样式各异,根据不同功能可以分为:吊点材料、吊杆材料、龙骨材料、饰面材料和辅助构件。

1. 吊点材料

吊杆与楼板或屋面板连接点称之为吊点。吊点材料一般预埋 $\phi 8 \sim \phi 10$ 的钢筋,也可以预埋构件、射钉、膨胀螺栓等,如图 4-15 所示。

图 4-15　吊点的连接方式

2. 吊杆材料

吊杆按材料分有钢筋吊杆、型钢吊杆、木吊杆。钢筋吊杆的直径一般是 $\phi 6 \sim \phi 10$ mm,通过预埋、焊接等方法连接;木吊杆是现在家庭装潢中比较普遍的做法,常用 40mm × 40mm 的松木和麻花钉直接和楼板钉接,吊杆和木龙骨也这样钉接,省时省力,如图 4-16、图 4-17 所示。

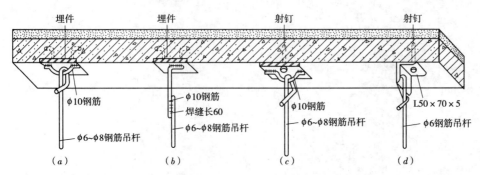

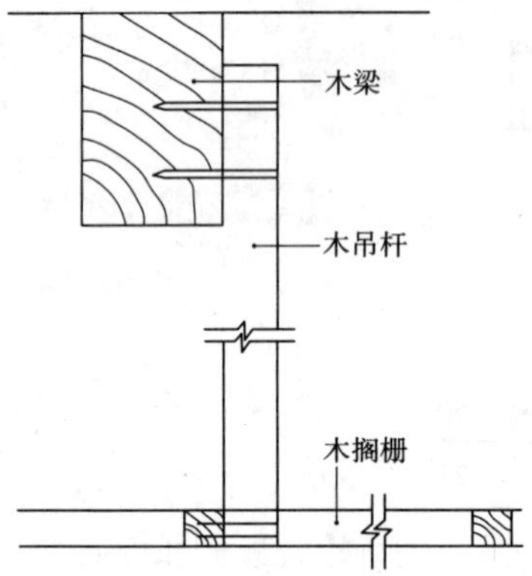

图 4-16　木吊杆的连接

3. 龙骨材料

悬吊式顶棚龙骨一般有金属龙骨、木龙骨之分。

1) 金属龙骨材料

金属龙骨材料适用于面积大、结构层次简单,造型不太复杂的悬吊式顶棚,其施工速度快。金属龙骨常见的有轻钢龙骨、铝合金龙骨、角钢和普通型钢等。

A. 轻钢龙骨材料

轻钢龙骨是一种白金属色的型材,不锈、质轻,断面一般为 U 形、C 形、L 形。

图 4-17 家装木龙骨顶棚

轻钢龙骨根据不同的作用分可分为：大龙骨、中龙骨、小龙骨、横撑龙骨及各种连接构件。其中大龙骨按照其承载力分为三种：不上人轻型大龙骨，上人中型大龙骨——可以在龙骨上面铺设简易检修通道，上人800N集中荷载的重型大龙骨——以便在龙骨上面铺设永久性检修走道。

大龙骨的截面高度分别为 30~38mm、45~50mm、60~100mm，中龙骨的截面高度为 50mm 或 60mm，小龙骨的截面高度为 25mm，见表 4-01。

轻钢龙骨型号及规格　　　　表 4-01

类别	型号	断面尺寸/ mm×mm×mm	断面面积/cm²	质量/ (kg/m)	示意图
上人悬吊式顶棚龙骨	CS60	60×27×1.5	1.74	1.37	
上人悬吊式顶棚龙骨	US60	60×27×1.5	1.62	1.27	
不上人悬吊式顶棚龙骨	C60	60×27×0.63	0.78	0.61	
不上人悬吊式顶棚龙骨	C50	50×20×0.63	0.62	0.49	
不上人悬吊式顶棚龙骨	C25	25×20×0.63	0.47	0.37	
中龙骨	—	50×15×1.5	1.11	0.87	

B. 铝合金龙骨材料

铝合金龙骨是以铝合金型材在常温下弯曲成形或冲压而成的顶棚吊顶骨架，其强度和刚度较高，又具有质量轻，易安装加工等优点。常用的有主龙骨（大龙骨）、次龙骨（中、小龙骨）、边龙骨，见表 4-02、4-03。

铝合金主龙骨型号及龙骨配件规格 表 4-02

型号	主龙骨示意图	主龙骨吊件及规格	主龙骨连接件 示意图	规格/mm	备注
TC60	30×60, 厚1.5, 10	25×25, 120×80		$L=100$ $H=60$	适用于吊点距离1500mm的上人吊顶,主龙骨可承受1000N检修荷载
TC50	15×50, 厚1.2	25×25, 120×75		$L=100$ $H=50$	适用于吊点距离900～1200mm的不上人悬吊式顶棚
TC38	12×38, 厚1.2	20×25, 95×55, 18		$L=82$ $H=39$	适用于吊点距离900～1200mm的不上人悬吊式顶棚

铝合金次龙骨型号及龙骨配件规格 表 4-03

名称	代号	规格 示意图	厚度/mm	重量/(kg/m)	备注
纵向龙骨	LT—23 LT—16	32, 23, 16	1	0.2 0.12	纵向龙骨
横撑龙骨	LT—23 LT—16	23, 16	1	0.135 0.09	横向使用,用于纵向龙骨两侧
边龙骨	LT—边龙骨	32, 18	1	0.25	顶棚与墙面收口处使用
异形龙骨	LT—异形边龙骨	32, 20, 18	1	0.25	高低顶棚处封边收口使用
LT-23龙骨吊钩 LT-异形龙骨吊钩	TC50 吊钩	φ3.5, A, B, C	φ3.5	0.014	1. T形龙骨与主龙骨垂直吊挂时使用 2. TC50 吊钩 A=16mm, B=60mm, C=25mm TC38 吊钩 A=13mm, B=48mm, C=25mm
	TC38 吊钩		φ3.5	0.012	

续表

名称	代号	规格 示意图	规格 厚度/mm	规格 重量/(kg/m)	备注
LT异形龙骨吊挂钩	TC60系列 TC50系列 TC38系列		φ3.5	0.021 0.019 0.017	1．T形龙骨与主龙骨平行吊挂时使用 2．TC60系列 A=31mm，B=75mm TC50系列 A=16mm，B=65mm TC38系列 A=13mm，B=55mm
LT-23龙骨连接件、 LT-异形龙骨连接件			0.8	0.025	连接LT-23龙骨及LT-异形龙骨用

C. 型钢龙骨

型钢龙骨一般为主龙骨，间距在1~2m，使用规格根据使用用途和荷载大小确定。型钢龙骨与吊杆之间常用螺栓连接或焊接，与次龙骨之间采用铁卡子、弯钩螺栓连接或焊接。常见的型钢有角钢、槽钢、工字钢等，详见表4-04。

型钢龙骨型号及规格 表4-04

构件名称	型号	示意图	用途
等边角钢	2号、2.5号、3号、4号、5号、8号等		用于上人顶棚的辅助龙骨、边龙骨等
工字钢	10号、12.6号、14号、16号等		用于上人顶棚的主龙骨
槽钢	5号、6.3号、8号、10号、12.6号、14b号等		用于上人顶棚的主龙骨

2）木龙骨材料

木龙骨即木格栅，其断面一般为正方形或者矩形，材料一般以松木或杉木。主龙骨规格为 50mm×60~80mm，格栅间距一般为 0.9~1.5m，主龙骨与吊杆的连接可用绑扎、螺栓固定、水泥钉、麻花钉钉牢。主龙骨下面的次龙骨一般为井格状排布，其中垂直于主龙骨的次龙骨规格为 40mm×40mm、50mm×50mm，平行于主龙骨方向的次龙骨规格为 40mm×30mm、50mm×30mm。木龙骨的使用必须要进行防火、防腐处理：先刷氟化钠防腐剂 1~2 遍，再涂防火涂料 3 道。主龙骨和次龙骨之间直接用钉接的方法固定，次龙骨之间可以用榫接或者钉接方式连接，如图 4-18 所示。

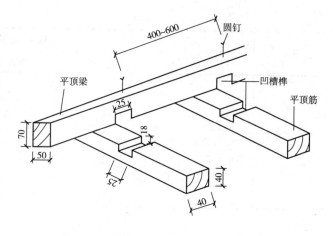

图 4-18 木龙骨的连接构造

注：在大型工程中木龙骨一般跟轻钢龙骨结合用于造型复杂的悬吊式顶棚中，实际的施工过程中带弧度的龙骨也会用细木工板或密度板代替。

4. 饰面材料

顶棚的饰面材料非常丰富，根据施工方法可以分为抹灰类和板材类。

1）抹灰类　在龙骨上钉钢丝网、钢板网或者木条，然后在上面做抹灰面层。因为工序繁琐，湿作业量大，现在已经不多见。如图 4-19、图 4-20 所示。

2）板材类　在龙骨上用各种饰面板材做装饰饰面是现在工程中常见的做法。常见的板材有植物性板材（木板、木屑板、胶合板、纤维板、密度板等）、矿物质板材（各种石膏板、矿棉板等）、塑料扣板、金属板材（铝板、铝扣板、薄钢板）等，见表 4-05。

5. 辅助构件

在悬吊式顶棚中，辅助构件起着很大的作用，主要有连接龙骨的连接件、主次龙骨之间的挂件、挂钩，详见表 4-06、表 4-07；另外，还有连接龙骨和饰面层之间的钉子；连接吊杆和顶面之间的射钉、膨胀螺栓。

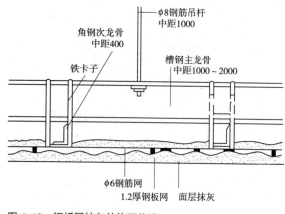

图 4-19 钢板网抹灰的饰面构造

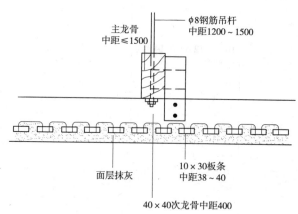

图 4-20 板条抹灰的饰面构造

常用板材及特性表 表 4-05

板材名称	材料性能	安装方式	适用范围
纸面石膏板	质量轻、强度高、阻燃防火、保温隔热，可锯可钉、可刨和粘贴，加工性能好，施工方便	搁置、钉接	适用于各类建筑的顶棚
无纸面石膏板（石膏装饰吸声板、防石膏装饰吸声板）	同上	搁置、钉接	同上
胶合板	质量轻、强度高、不耐防火、保温隔热，可锯可钉、可刨和粘贴，加工性能好，施工方便	搁置、钉接	同上
矿棉吸声板	质量轻、吸声、防火、保温隔热、美观、施工方便	搁置、钉接	适用于公共建筑的顶棚
珍珠岩吸声板	质量轻、吸声、防火、防潮、防虫蛀、耐酸，装饰效果好，可锯、可刨，施工方便	搁置、钉接	适用于各类建筑的顶棚
塑料扣板	质量轻、防潮、防虫蛀，装饰效果好，可锯，施工方便	钉接	适用于厨房卫生间的顶棚
金属扣板	质量轻、防潮、防火，美观，施工方便	卡接	适用于各类建筑的顶棚

顶棚装饰构造用龙骨配件 表 4-06

构件名称	示意图	用途	备注
主龙骨吊件		用于连接主龙骨和吊杆	
主次龙骨挂件		用于主龙骨和次龙骨连接	
次龙骨支托		次龙骨之间相互垂直的连接	
次龙骨连接件		用于两根次龙骨之间的连接	
轻型吊顶龙骨吊挂件		用于覆面龙骨和吊杆的连接	一般用于不上人顶棚

顶棚装饰构造用五金配件 表 4-07

构件名称	型号	示意图	用途
镀锌螺栓	M6×30、M6×40、M6×50		用于木龙骨和吊杆之间的连接
膨胀螺栓	M6×65、M6×75、M8×90、M8×100、M8×110、M8×130		一般用于吊点
圆钉	3号、4号、5号、6号	6号圆钉	用于木龙骨之间的连接
麻花钉	50、55、65、75		用于木龙骨之间的连接
水泥钉	11号、10号、8号、7号		用于和混凝土墙之间的连接
骑马钉	20、30		用于固定金属板网
十字槽沉头木螺钉	10、20、30、40、50		用于石膏板和龙骨的固定，一般要凹入饰面板

二、悬吊式顶棚装饰构造组成

悬吊式顶棚构造一般由悬吊结构、顶棚骨架、饰面层三部分组成。

1. 悬吊结构

悬吊结构包括吊点、吊杆。

（1）吊点　吊杆与楼板或屋面板之间的连接点称之为吊点。吊点的布置应均匀，一般为 900~1200mm 左右，主龙骨上的第一个吊点距主龙骨端点距离不超过 300mm，吊点材料应该根据不同情况、不同的楼板结构区别对待；吊点材料常采膨胀螺栓跟吊杆连接，有时也会采用预埋 $\phi 10$ 钢筋、预埋件、射钉等，如图 4-21 所示。

（2）吊杆　吊杆又称吊筋，是连接龙骨和吊点之间的承重传力构件。吊杆的作用是承受整个悬吊式顶棚的重量（如饰面层、龙骨以及检修人员），并将这些重量传递给屋面板、楼板、屋架或梁等，同时还可以调整、确定顶棚的空间高度和平整度，如图 4-22 所示。

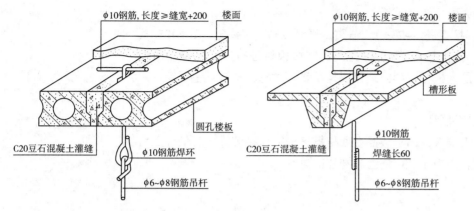

图 4-21 预制板吊点的构造

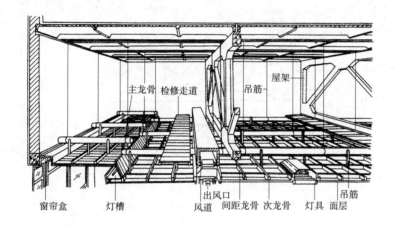

图 4-22 悬吊式顶棚构造

2. 顶棚骨架

顶棚骨架由主龙骨和次龙骨组成，也称主格栅和次格栅。主要是承受来自面层装饰材料的重量，有木龙骨、铝合金龙骨、轻钢龙骨等。

3. 饰面层

饰面层又叫面层，其主要作用是装饰室内空间，并兼有吸声、反射和隔热保温等特定功能。面层的构造设计要结合烟感、喷淋、灯具、空调进出风口布置等。

饰面层做法有抹灰类、板材类和金属格栅类等。

（1）抹灰类顶棚面层

抹灰类顶棚面层一般有两种：木板条抹灰和钢板网抹灰。

板条抹灰是用 10mm×30mm 的木板条固定在次龙骨上，再用纸筋灰或麻刀灰进行抹灰装饰。一般板条间隙为 8~10mm，板条头要错开排列，以避免因板条变形、石灰干缩等原因引起的开裂。

钢板网抹灰是在次龙骨上固定 1.2mm 厚的钢板网，然后再衬垫一层 $\phi 6mm@200mm$ 钢筋网架，再在钢板网上进行抹灰。钢板网抹灰顶棚的耐久性、防震性和耐火等级均好，但造价较高、湿作业量大、施工进度慢，目前已很少采用。

（2）板材类顶棚面层

在龙骨上通过钉接（图 4-23a）、粘贴（图 4-23b）、搁置（图 4-23c）、卡接（图 4-23d）、吊挂（图 4-21e）等方式用饰面板材进行顶棚装饰，我们称之为板材类顶棚面层，板材材料组成可以是石膏、木材、塑料、金属等，如图 4-23 所示。

（3）金属格栅类顶棚面层

通过在金属龙骨上卡接、吊挂成品金属格栅来进行顶棚装饰，我们称之为金属格栅类顶棚面层，图中 4-23e 是金属挂片饰面。

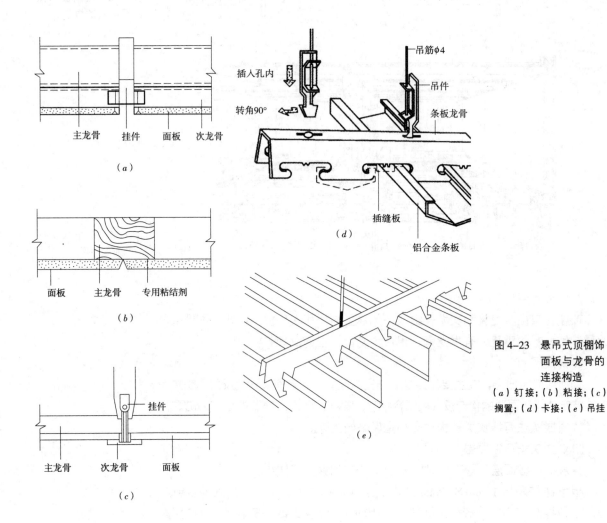

图 4-23 悬吊式顶棚饰面板与龙骨的连接构造
(a) 钉接；(b) 粘接；(c) 搁置；(d) 卡接；(e) 吊挂

三、木龙骨顶棚装饰构造

木龙骨适用于小面积的、造型复杂的悬吊式顶棚，其施工速度快、易加工，但防火性能差，是家庭装饰装修常采用的构造做法。

木龙骨顶棚主要由吊点、吊杆、木龙骨和面层组成。其中木龙骨分主龙骨、次龙骨、横撑龙骨三部分。其中主龙骨为50mm×（70~80）mm，主龙骨间距0.9~1.5m；次龙骨断面一般为30mm×（30~50）mm，间距根据具体规格而定，一般为400~600mm；用50mm×50mm的方木吊筋钉牢在主龙骨的底部，用8号镀锌钢丝绑牢，次龙骨之间用钉接或榫接的方式联系。

四、轻钢龙骨顶棚装饰构造

轻钢龙骨是公共空间中使用较多的一种顶棚材料，轻钢龙骨按其截面形状分可分为：U形、C形、L形。

轻钢龙骨由主龙骨、中龙骨、横撑小龙骨、次龙骨、吊件、接插件和挂插件组成。主龙骨一般用特制的型材，断面有U形、C形，一般多为U形。主龙骨按其承载能力分为38、50、60三个系列，38系列龙骨适用于吊点距离0.9~1.2m的不上人悬吊式顶棚；50系列龙骨适用于吊点距离0.9~1.2m的上人悬吊式顶棚，主龙骨可承受80kg的检修荷载；60系列龙骨适用于吊点距离1.5m的上人悬吊式顶棚，可承受80~100kg检修荷载。同时荷载大时必须采用厚形材料。中龙骨、小龙骨断面有C形和T形两种。吊杆与主龙骨、主龙骨与中龙骨、中龙骨与小龙骨之间是通过吊挂件、接插件连接的，如图4-24、图4-25所示。轻钢龙骨配件型号及规格见表4-06。

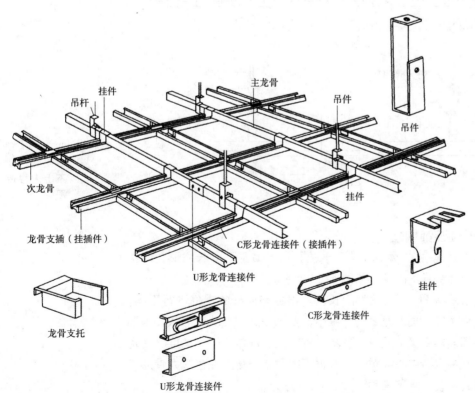

图4-24 悬吊式顶棚轻钢龙骨构造

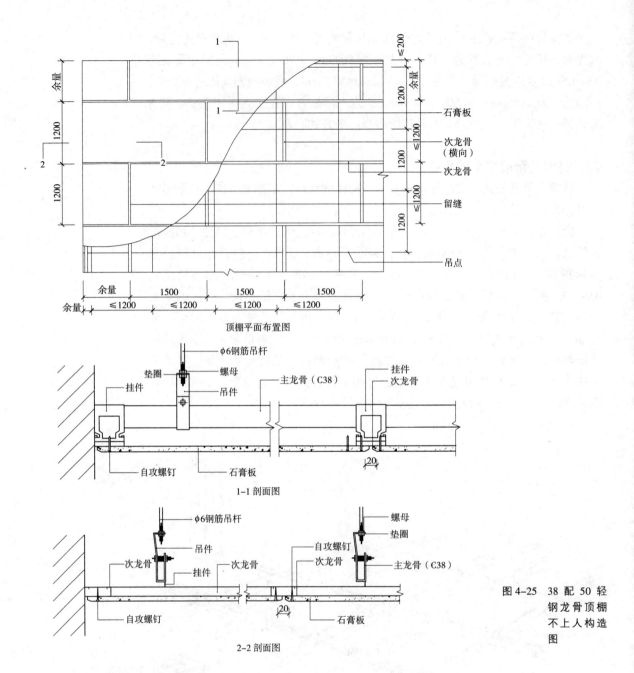

图 4-25 38 配 50 轻钢龙骨顶棚不上人构造图

五、铝合金龙骨顶棚装饰构造

1. 主龙骨（大龙骨）。主龙骨的侧面有长方形孔和圆形孔。长方形孔供次龙骨穿插连接，圆形孔供悬吊固定，如图 4-26 所示。

2. 次龙骨（中、小龙骨）。次龙骨的长度，根据饰面板的规格进行下料，在次龙骨的两端，为了便于插入龙骨的方眼中，要加工成"凸头"形状。为了使多根次龙骨在穿插连接中保持顺直，在次龙骨的凸头部位弯一个角度，使两根次龙骨在一个方眼中保持中心线重合。根据不同需要市场上在售次龙骨形式有明装、半明半暗式安装、暗装三种，如图 4-27 所示。

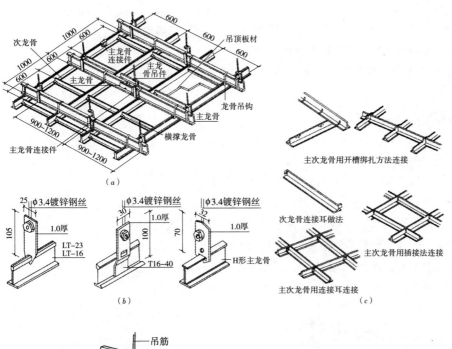

图 4-26 悬吊式顶棚铝合金龙骨构造

(a) LT形铝合金龙骨悬吊式顶棚构造透视；(b) LT形铝合金龙骨悬吊式顶棚节点构造；(c) 主次龙骨连接方式

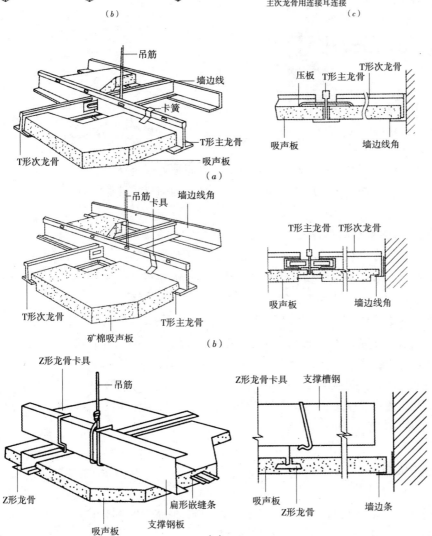

图 4-27 龙骨显露的几种方式

(a) 明装；(b) 半明半暗式安装；(c) 暗装

第四章 顶棚装饰构造 89

3. 边龙骨。边龙骨亦称封口角铝，其作用是对吊顶毛边检查部位等处进行封口，使边角部位保持整齐、顺直。边龙骨有等边和不等边两种。一般常用 25mm×25mm 等边角边龙骨，色彩应当与板的色彩相同。

第四节　顶棚特殊部位装饰构造

一、线脚与顶棚之间的构造

线脚又称装饰线条，是顶棚和墙面之间的具有装饰和界面交接处理功能的构件，其剖面基本形状有矩形、三角形、半圆形等，材质一般是木材、石膏、金属或者合成材料。线脚可采用粘贴法或者直接钉固法与墙面固定。

1. 木线条：木线条一般采用质地较硬、纹理细腻的木料机械加工而成，一般固定方法是在墙内预埋木砖，再用麻花钉固定，已经砌好的墙，特别是混凝土墙可以直接用地板钉固定，要求线条挺直，接缝紧密，如图 4-28 所示。

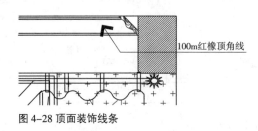

图 4-28 顶面装饰线条

2. 石膏线条：石膏线条采用石膏为主的材料加工而成，其正面可以浇铸各种花纹图案，质地细腻美观，一般固定方法是粘贴法，要求与墙面顶棚交接处紧密联系，避免产生缝隙。

3. 金属线条：金属线条包括不锈钢线条、铜线条、铝合金线条等，常用于办公空间和公共使用空间内，如办公室、会议室、电梯间、走道和过厅等；装饰效果给人以精致科技感。一般用木条做模，金属线条镶嵌，胶水固定。

4. 合成材料线条：合成材料线条的种类比较多，如，木粉合成装饰线条就是将木材粉碎、重新组合纤维结构，防水、阻燃、表面木纹清晰、可锯、可刨、不会变型，是一种免漆的装饰线条；木塑复合仿木材料是采用废旧塑料和废旧木纤维，如锯末、树枝及植物纤维（糠壳、稻壳、花生壳和植物秸秆）等再配以特殊外加剂制成的仿木材料，具有强度高、防腐、防虫、防湿、不变形、吸湿膨胀性小、可抗静电和阻燃，其硬度比一般木材可提高 3~7 倍，成本比装饰用木材或塑料低 30%~50%，可重复回收使用等优点。

二、顶棚与灯具之间的构造

1. 吸顶灯

当灯具质量小于等于 1kg 时，可直接将灯具安装在悬吊式顶棚的饰面板上；当灯具质量大于 1kg 小于 4kg 时，应将灯具安装在龙骨上。

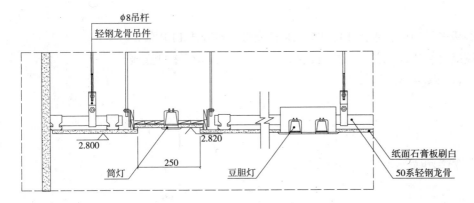

图 4-29 嵌入式筒灯详图

2. 吊灯

当灯具质量不大于 8kg 时，可将灯具固定在附加的主龙骨上，附加主龙骨焊于悬吊式顶棚的主龙骨上。当灯具质量为 8kg 以上时，其吊点应为特制吊杆，并直接焊在楼板或屋面板预埋件上或板缝中。

3. 筒体灯

这种灯具镶嵌在悬吊式顶棚内，底面与悬吊式顶棚面层齐平或略突出，筒体有方形、圆形，其直径（或边长）有 140、165、180mm 等多种。这种灯具重量轻，可直接安装在悬吊式顶棚饰面板上，如图 4-29 所示。

4. 嵌入管灯

这种灯具也镶嵌在悬吊式顶棚内，它可以平行于中龙骨（此时应切断主龙骨），也可以平行于主龙骨（此时切断中、小龙骨），若灯具为方形时，应切断中小龙骨，灯具固定在附加主龙骨上，如图 4-30 所示。

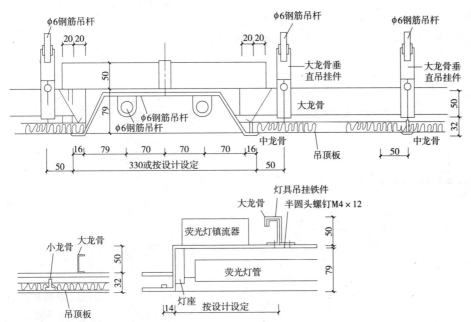

图 4-30 嵌入式灯盘构造

5. 灯槽

灯槽一般用于叠级式吊顶中，采用 T4、T5、T8 日光灯管或软质 LED 灯带作光源，以前也用霓虹灯管作为光源。灯槽通过细木工板或多层板做造型直接用吊杆悬吊于楼板上，如图 4-31 所示。

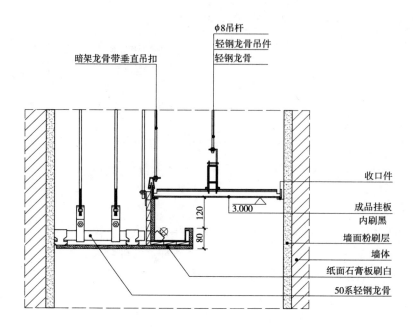

图 4-31 光带、灯槽的构造

三、顶棚与空调风口的构造关系

空调风口有预制圆形出风口和方形出风口两种，一般采用铝合金、木质等材料，其构造做法为：将风口安装于悬吊式顶棚饰面板上，并用橡胶垫做减噪处理。风口安装时最好不切断悬吊式顶棚龙骨，必要时只能切断中、小龙骨，如图 4-32 所示。

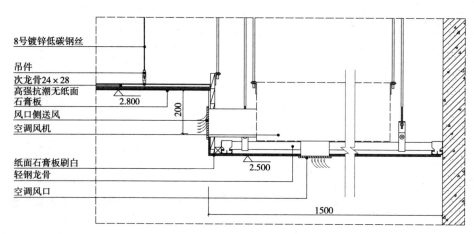

图 4-32 空调风口剖面详图

四、顶棚与检修孔及检修走道的构造关系

1. 检修孔

检修孔又称进人孔。检修孔在顶棚的平面位置要保障检修的方便，力求隐蔽，保持顶棚的完整性。顶棚上一般至少设置两个检修孔，如图4-33所示。

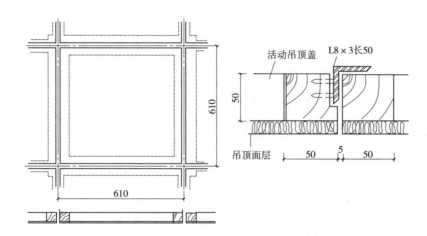

图4-33 检修孔构造

2. 检修走道

检修走道又称上人马道，是上人悬吊式顶棚中的人行通道，主要用于悬吊式顶棚内设备、管线、灯具、通风口的维修与安装。常见检修走道的构造做法有以下两种。

（1）简易马道 又称偶尔上人走道。采用30mm×60mm的U形龙骨两根，槽口朝下固定在悬吊式顶棚的主龙骨上，设$\phi 10$的吊杆，并在吊杆上焊30mm×30mm×3mm的角钢做安全栏杆及扶手，其高度为600mm。

（2）普通马道 又称常规上人马道，采用30mm×60mm的U形龙骨四根，槽口朝下固定在悬吊式顶棚的主龙骨上，采用L45×5、L50×5的角钢做安全栏杆与扶手，栏杆间距为1000mm，其高度为600mm。

五、悬吊式顶棚内管线、管道的敷设构造

1. 管线、管道的安装位置应放线抄平。
2. 用膨胀螺栓固定支架、线槽，放置管线、管道及设备，并做水压、电压试验。
3. 在悬吊式顶棚饰面板上，留灯具、送风口、烟感器、自动喷淋头的安装口。喷淋头周围不能有遮挡物。
4. 自动喷淋头必须与自动喷淋系统的水管相接。消防给水管道不能伸出悬吊式顶棚平面，也不能留短了，导致与喷淋头无法连接。应按照设计安装位置准确地用膨胀螺栓固定支架，放置消防给水管道。

六、悬吊式顶棚端部与墙的构造关系

悬吊式顶棚端部是指悬吊式顶棚与墙体相交处,其造型处理形式有凹角、直角、斜角三种,如图4-34所示。

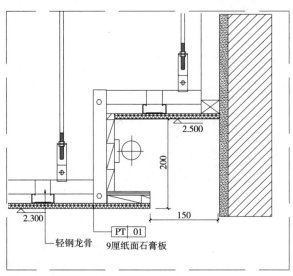

图4-34 顶棚端部与墙体连接的构造

七、叠落悬吊式顶棚高低相交处的构造

悬吊式顶棚通过不同标高的变化,形成叠落式造型顶棚,使室内空间高度产生变化,形成一定的立体感,同时满足照明、音响、设备安装等方面的要求。

悬吊式顶棚高低相交处的构造处理关键是顶棚不同标高的部分要整体连接,保证其整体刚度,避免因变形不一致而导致饰面层的破坏,如图4-35所示。

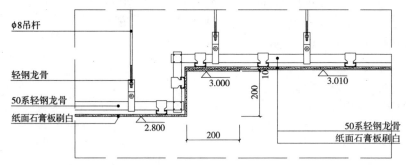

图4-35 轻钢龙骨叠落式吊顶剖面大样图

八、不同材质饰面板的交接构造

不同材质饰面板的交接处要进行收口过渡,主要构造方法有两种,一是采用压条做收口过渡处理;二是采用高低差过渡处理。

第五节 顶棚装饰构造设计指导

一、设计步骤和方法

1. 教学方式和方法,按设计要求和步骤,学生动手设计,教师进行一对一辅导,做到发现问题随时解决。针对学生暴露出来的具有代表性的问题进行讲解与总结。
2. 完善顶棚装饰设计图中的顶棚图案、板材规格及材质。
3. 选用绘制顶棚构造剖面图,并注明具体构造做法。
4. 绘制有造型部位节点详图。
5. 绘制特殊部位节点详图。
6. 最后检查校对各道尺寸,详图索引符号和详图符号确保正确一致。

二、某装饰工程顶棚装饰构造设计过程

1. 顶棚图绘制

参考图 4-36:

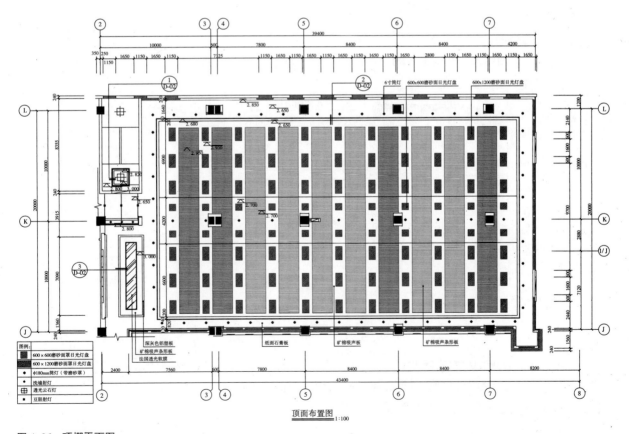

图 4-36 顶棚平面图

2. 造型部位剖面、节点详图

参考图 4-37：

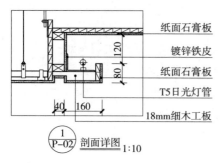

图 4-37 剖面详图（一）

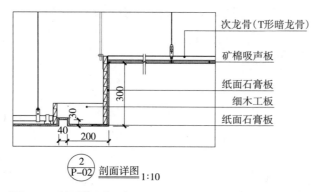

图 4-38 剖面详图（二）

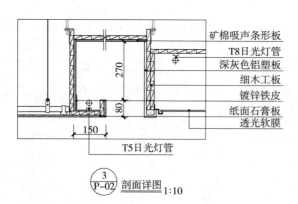

图 4-39 剖面详图（三）

思考题

1. 悬吊式顶棚的材料有哪些？
2. 木龙骨悬吊式顶棚的构造主要采用什么样的构造方法？
3. 简述轻钢龙骨悬吊式顶棚的构造做法。
4. 悬吊式顶棚的灯具和上人孔的设置要注意什么？

实训项目

1. 画出悬吊式轻钢龙骨顶棚的构造。
2. 请写出木龙骨的施工流程。
3. 设计办公室顶棚图并画出顶棚与墙面的交接构造、发光顶棚的节点构造大样。

第五章 门窗装饰构造

建筑装饰构造

一、教学目标

最终目标：会设计绘制门窗装饰立面图、剖面图、节点详图、大样图。
促成目标：
1. 能识读门窗装饰构造节点详图；
2. 能根据门窗装饰立面图分析门窗装饰材料做法；
3. 能根据门窗装饰立面图分析门窗装饰构造做法；
4. 能根据门窗装饰立面图绘制门窗剖面图；
5. 能根据门窗装饰立面图绘制门窗装饰构造节点详图、大样图；
6. 能根据门窗剖面图绘制门窗装饰构造节点详图、大样图。

二、工作任务

1. 查找常见门窗装饰构造做法资料；
2. 绘制门窗装饰剖面图；
3. 绘制门窗装饰构造节点详图、大样图。

作为室内设计员要完成门窗装饰施工图设计，必须掌握相关建筑制图规范，了解门窗装饰构造原理、构造做法等知识，掌握常见门窗装饰构造类型和装饰构造做法等，并能依据室内使用功能、设计风格和门窗方案设计图对门窗进行剖面图设计和节点详图设计等。门窗装饰构造节点设计是为了全面训练学生识读、绘制建筑装饰施工图的能力，检验学生学习和运用门窗装饰构造知识的程度而设置的。

三、项目案例导入：某装饰工程门窗装饰构造设计

通过项目带出本章主要的学习内容，使学生首先建立起本章学习目标的感性认识。门窗是建筑物中空间隔断的构件，主要作用是交通疏散、通风和采光，在建筑装饰中，门窗的造型、色彩、材质等对装饰效果有重要影响。门窗装饰构造是实现门窗装饰设计的技术措施，门窗装饰构造处理得当与否，对建筑功能、建筑空间环境气氛和美观影响很大，应根据不同的使用和装饰要求选择相应的材料、构造方法，以达到设计的实用性、经济性、装饰性。

四、某装饰工程门窗装饰构造设计任务书

1. 设计目的

能够根据各类门窗装饰装修的特点，结合房间使用功能和装修风格，确定其门窗的装饰构造类型，掌握夹板木装饰门、实木门、中式木窗、百叶门窗、铝合金门窗、转门等的构造做法，熟练地绘制出各类门窗的装饰设计施工图。

2. 设计条件

已知某装饰工程平面图如图 5-01 所示。试根据此图设计门窗装饰装修立面图、剖面图及节点详图，并达到施工图深度。

图 5-01 酒店套房平面图

3. 设计内容及深度要求

用 2 号制图纸，以铅笔或墨线笔完成以下图样，比例自定。要求施工图深度符合国家制图标准。

（1）门窗装饰装修立面图，标注细部尺寸及立面选用材料。
（2）门窗的（纵）横剖面图，并标注各分层构造及具体构造做法。
（3）门窗扇细部节点详图。
（4）门窗套及门窗框细部构造详图。

第一节　门窗概述

门窗是建筑物中空间隔断的构件，主要作用是交通疏散、通风和采光，在建筑装饰中，门窗的造型、色彩、材质等对装饰效果有重要影响。

一、门的分类

门的种类、形式很多，其分类方法也多种多样，本章节主要按照门的开启方式、不同材质、技术用途、门的风格以及门扇数量来分类。

1. 按开启方式分

按门的开启方式分类，可分为平开门、推拉门、旋转门、卷帘门、折叠门等，如图 5-02 所示。

（1）平开门　平开门是水平开启的门，与门框连接的铰链装于门扇的一侧，使门扇绕转铰链轴转动。

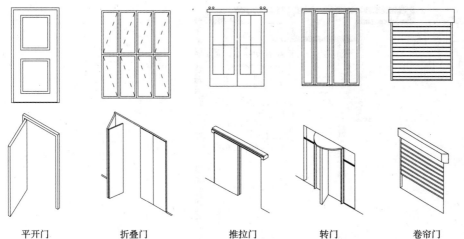

图 5-02 门的开启方式

平开门　　折叠门　　推拉门　　转门　　卷帘门

（2）推拉门　门扇悬挂在门洞口上部的预埋轨道上，装有滑轮，可以沿轨道左右滑行。

（3）转门　有两个固定的弧形门套和三或四个门扇组成，门扇的一侧安装在中央的一根公用竖轴上，绕竖轴转动开启。

（4）卷帘门　门扇由连续的金属片条或网格状金属条组成，门洞上部安装卷动滚轴，门洞两侧有滑槽，门扇两端置于槽内，可以人工开启也可以电动开启。

（5）折叠门　有侧挂式和推拉式两种。

2. 按材料分

门按不同材质分类，可分为木门、玻璃门、铝合金门、钢门、塑钢门等。

3. 按技术用途分

门按技术用途分类，可分为隔声门、防辐射门、防火防烟门、防弹门、防盗门等

（1）隔声门　采用特殊门扇及良好的结合槽密封安装，可降低噪声 45db。

（2）防辐射门　门扇中装有铅衬层，可以挡住 X 射线。

（3）防火和防烟门　门扇用防火材料制成，必须密封，装有门扇关闭器。

（4）防弹门　门扇中装有特殊的衬垫层，如铠甲木层，可以起到防弹作用。

（5）防盗门　使用特殊的建筑小五金和材料，安全性的设计和安装，可以提高防盗性能。

4. 按风格分

门按不同装饰风格分类，可分为中国传统风格和欧式风格两种。

（1）中国传统风格　如图 5-03 所示。

（2）欧式风格　如图 5-04 所示。

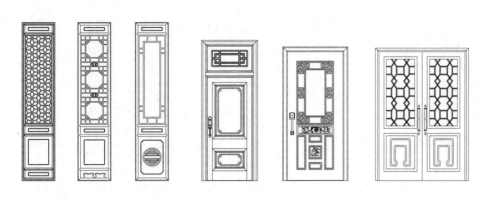

图 5-03 中国传统风格门

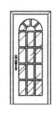

图 5-04 欧式风格门

5. 按门扇数量分

门按门扇数量分类有单扇门、双扇门、三扇门等。

图 5-05 门扇组合方式

二、窗的分类

窗的种类、形式很多，本章节主要按照窗的开启方式、不同材质、镶嵌材料、窗的位置、窗扇的数量以及窗的装饰风格来分类。

1. 按开启方式分

按窗的开启方式分有固定窗、平开窗、推拉窗、悬窗（有上悬、中悬、下

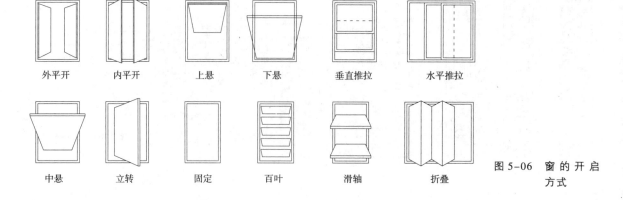

图 5-06 窗的开启方式

悬之分)、弹簧窗、转窗、折叠窗等,如图 5-06 所示。

(1) 固定窗　窗扇固定在窗框上不能开启,只供采光不能通风。

(2) 平开窗　平开窗使用最为广泛,可以内开也可外开。

1) 内开窗　内开窗玻璃窗扇开向室内。这种做法的优点是便于安装、修理、擦洗窗扇,在风雨侵蚀时窗扇不易损坏;缺点是纱窗在外,容易损坏,不便于挂窗帘,且占据室内部分空间。内开窗适用于墙体较厚或某些要求窗内开的建筑。

2) 外开窗　外开窗窗扇开向室外。这种做法的优点是窗不占室内空间,但窗扇安装、修理、擦洗都很不便,而且易受风雨侵蚀,高层建筑中不宜采用。

3) 推拉窗　推拉窗的优点是不占空间,可以左右推拉或上下推拉(左右推拉窗比较常见),构造简单。上下推拉窗用重锤通过钢丝绳平衡窗扇,构造较为复杂。

4) 悬窗　悬窗的特点是窗扇沿一条轴线旋转开启。由于旋转轴安装的位置不同,分为上悬窗、中悬窗、下悬窗。当窗扇沿垂直轴线旋转时,称为立转窗。

2. 按材料分

按窗所用的材料不同分为木窗、钢窗、彩钢板窗、塑钢窗、铝合金窗以及复合材料(如铝镶木)窗等。

3. 按镶嵌材料分类

按窗扇的镶嵌材料分有玻璃窗、纱窗、百叶窗、保温窗等。

4. 按窗在建筑物上的位置分类

按窗在建筑物上的位置分有侧窗、天窗、室内窗等。

5. 按数量分(单开窗、双开窗)

按窗扇的开启数量分有单开窗、双开窗等。

6. 按风格分类

按窗的装饰风格分有中国传统风格的窗和欧式风格的窗,如图 5-07、图 5-08 所示。

图 5-07 中国传统风格的窗

图 5-08 欧式风格的窗

三、门窗的基本功能

1. 门的基本功能

（1）水平交通与疏散　建筑内部包含各种功能空间，各空间之间既独立又相互联系，门能在各空间之间起到水平交通联系的作用。同时，在紧急情况和火灾发生时，门还起到交通疏散的作用。满足门的交通联系和紧急疏散的要求，根据预期的人流量，对门设置的数量、位置、尺度及开启方向等方面的详细规定，是装饰设计中必须遵循的重要依据。

（2）围护与分隔　门是空间围护构件之一，为保证使用空间具有良好的物理环境，门的设置通常需要考虑防风、防雨、隔声、保温、隔热及密闭等功能要求，另外还有一些具有特殊功能要求的门，如防火门等。

（3）采光与通风　不同部位的门对采光通风有不同的要求，门的设计应采用不同的构造满足采光与通风要求。如阳台门以玻璃为主时能起到采光的作用，卫生间的门采用百叶门时可以起到通风的作用。

（4）装饰功能　不同的建筑类型有不同的室内外氛围要求，在建筑风格总体统一的前提下也有差异和变化，门应根据预期的装饰装修效果及其附件的风格和式样，确定门的材料、色彩，以取得完美的整体装饰效果。

2. 窗的基本功能

窗是建筑的重要组成部分，在建筑设计规范中规定了窗的大小、窗的类型的选用及开启方式等，装饰装修设计应以其为依据。

（1）采光、通风　开窗是主要的天然采光方式，窗的面积和布置方式直接影响采光效果。对于同样面积的窗，天窗提供的顶光将使亮度增加 6~8 倍；而长方形的窗横放和竖放也会有不同的效果。在设计中应选择合适的窗户形式和面积。通风换气主要靠外窗，在设计中应尽量使内外窗的相对位置处于对空气对流有利的位置。

（2）装饰、围护　作为重要的围护构件之一，窗应具有防雨、防风、隔声及保温等功能，以提供舒适的室内环境。在窗的装饰装修设计中有一些特殊的构造用来满足这些要求，如设置披水板、滴水槽以防水，采用双层玻璃以隔声和保温，设置纱窗以防蚊虫等。

第二节 木门窗装饰构造

一、木门窗装饰材料

木门窗制作应选用材质轻软、纹理直、结构中等、干燥性能良好、不易翘曲、开裂、耐久性强、易加工的木材。适用的树种有针叶树：红松、鱼鳞云杉、臭冷杉、杉木；高级门窗框料多选用阔叶树：水曲柳、核桃楸、柏木、麻栎等材质致密的树种。门窗木材的含水率要严格控制，如果木材含有的水分超过规定，不仅加工制作困难，而且常引起门窗变形和开裂，重则不能使用，轻则影响美观。因此，门窗木材应经窑干法干燥处理，使其含水率符合《建筑木门、木窗》（JG/T122—2000）的规定。

二、木门窗装饰基本构造

木门（窗）主要由门（窗）框、门（窗）扇、腰头窗（亮子）、门（窗）等部分组成。

1.门

（1）门框

1）断面形式与尺寸　门框的断面尺寸主要考虑接榫牢固和门的类型，还要考虑制作时的损耗。门窗的毛料尺寸：双裁口的木门门框厚度为60~70mm，厚度为130~150mm；单裁口的木门门框厚度为50~70mm，厚度为100~120mm。

门框上留有裁口，根据门扇开启方式的不同，裁口形式有单裁口和双裁口两种。裁口宽度要比门扇厚度大1~2mm，深度一般为8~10mm。门框靠墙一面常开1~2道背槽，俗称灰口，以防止受潮变形，同时有利于门框的嵌固。灰口的形状可为矩形或者三角形，深度8~10mm，宽度100~120mm。

2）门框的位置　门框在墙上的位置有三种：与墙内口齐平，即门框与墙内侧饰面层的材料齐平，称内开门；或将门框与墙的外口齐平，称外开门；也有将门框立在墙中间的，如弹簧门。

（2）门窗扇（夹板门、实木门、百叶门）

根据门扇的构造和立面造型的不同，门扇可分为夹板门、实木门、百叶门等。

1）夹板门

夹板门构造简单、表面平整、开关轻便，但不耐潮和日晒，一般用于内门。夹板门骨架由32~35mm×34~60mm方木构成纵横肋条，两面贴面板和饰面层，如贴各种装饰板、防火板、微薄木拼花拼色、镶嵌玻璃、装饰造型线条等。如需提高门的保温隔热性能，可在夹板中间填入矿物毡，另外，门上还可设通风口、收信口、警眼等。夹板门的骨架、构造及立面形式如图5-09、5-10所示。

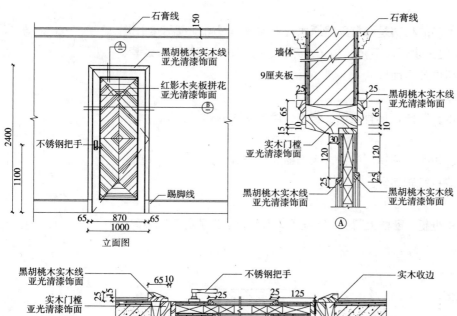

图 5-09 夹板门典型构造

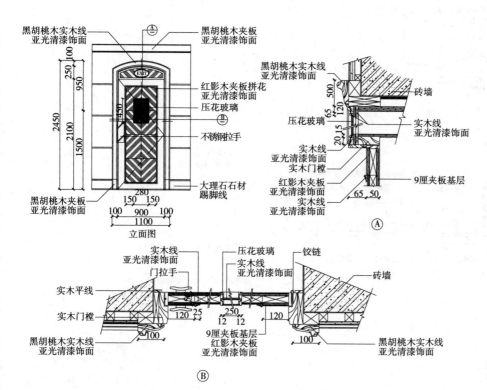

图 5-10 夹板门构造变化

2）实木门

实木门是指制作木门的材料是取自天然原木或者实木集成材（也称实木指接材或实木齿接材），经过烘干、下料、刨光、开榫、打眼、高速铣形、组装、打磨、上油漆等工序科学加工而成。

3）百叶门

百叶门一般采用木材制作，具有透风、防水、遮挡视线的功能。

（3）配套五金

门的五金有铰链、拉手、插销、门锁、闭门器和门挡等，是门框和门扇的连接五金件，门扇可绕铰链轴转动。

2. 窗

（1）窗框 窗框由框梃、窗框上冒头、窗框下冒头组成，当顶部有上窗时，还要设中贯横挡。

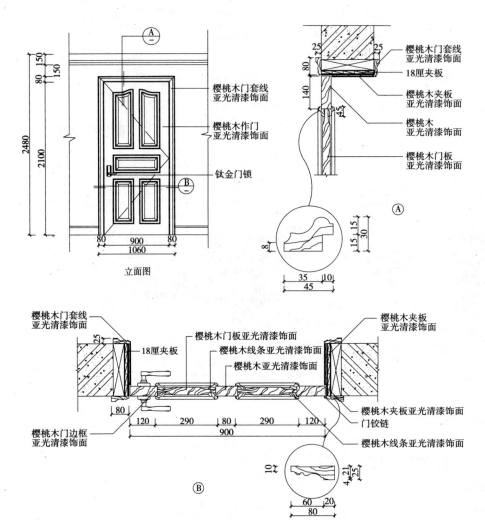

图 5-11 实木门构造

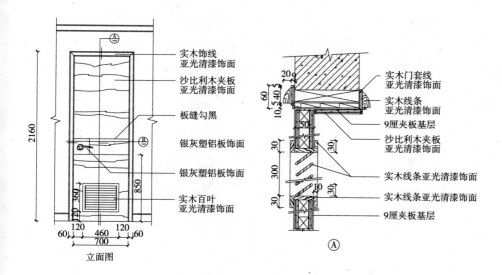

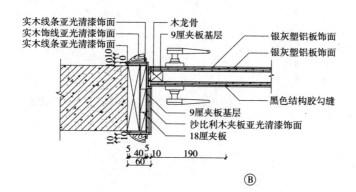

图 5-12 百叶门构造

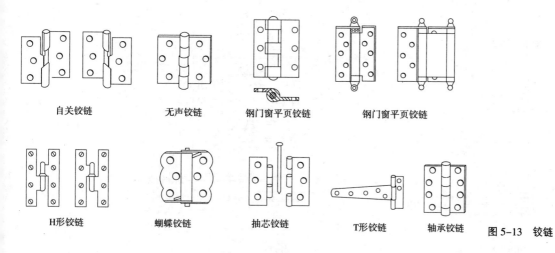

图 5-13 铰链

第五章 门窗装饰构造

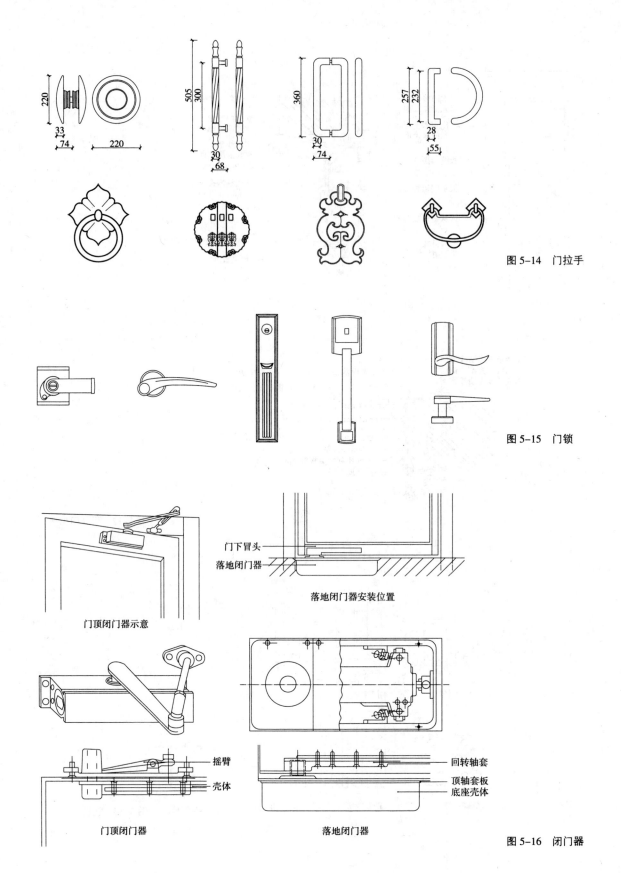

图 5-14 门拉手

图 5-15 门锁

图 5-16 闭门器

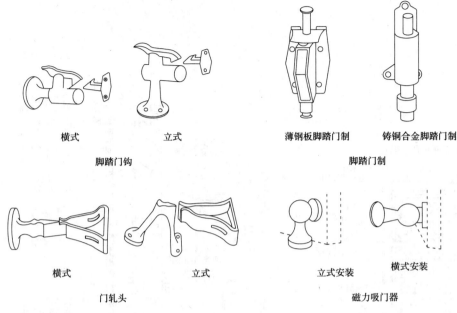

图 5-17 门档

（2）窗扇 窗扇由扇梃、窗扇上冒头、窗扇下冒头、棂子、玻璃等组成，如图 5-18 所示。木窗的连接构造与门的连接构造基本相同，都采用榫式连接构造。一般是在扇梃上凿眼，冒头上开榫。窗框与窗棂的连接，也是在扇梃上凿眼，窗棂上开榫。

（3）配套五金

窗的五金有铰链、拉手、插销等。

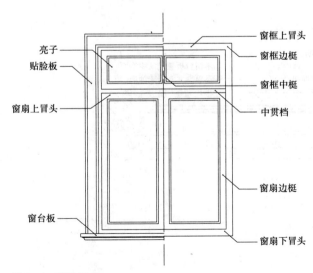

图 5-18 窗的组成

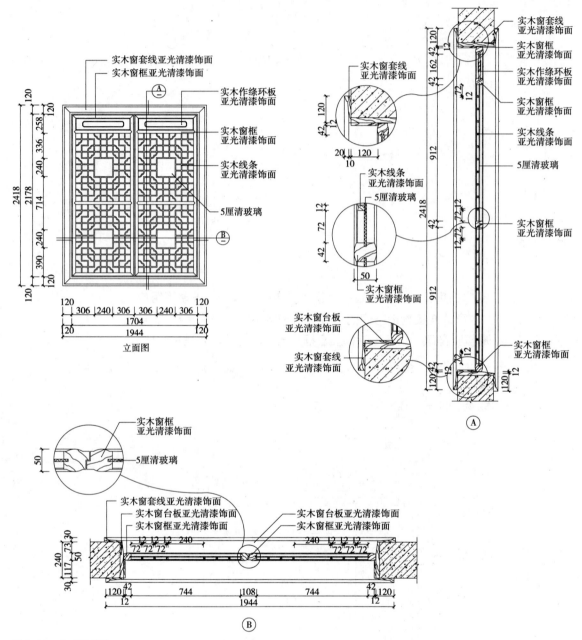

图 5-19 中式窗构造

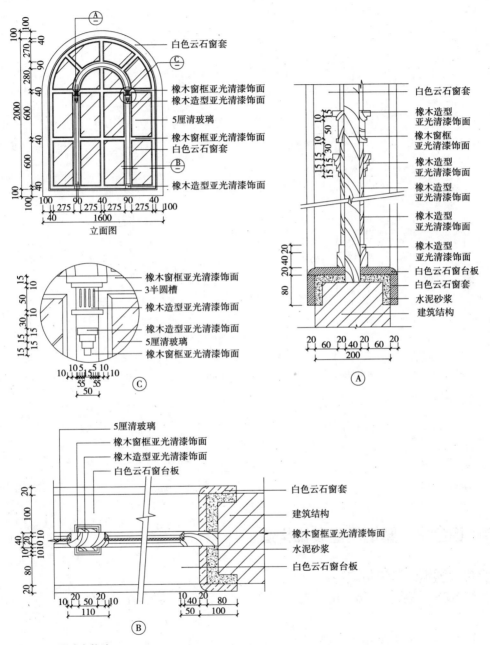

图 5-20 西式窗构造

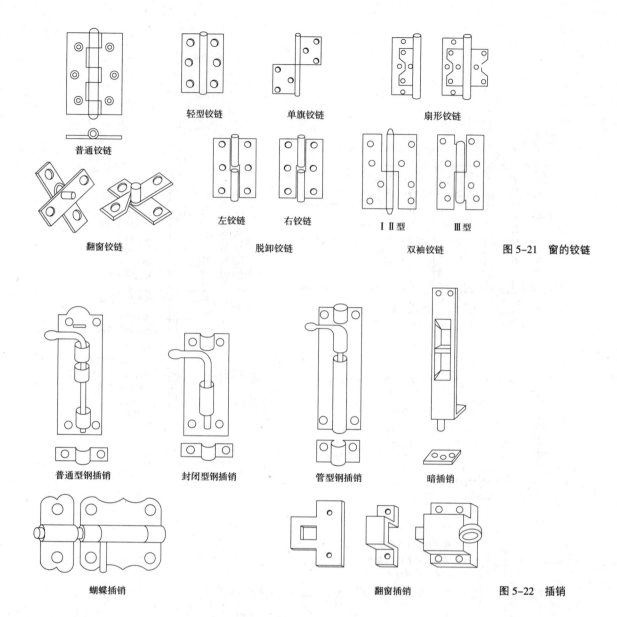

图 5-21 窗的铰链

图 5-22 插销

第三节 铝合金、塑钢门窗装饰构造

一、铝合金、塑钢门装饰材料

铝合金门窗轻质高强、耐腐蚀、无磁性、易加工、质感好，特别是密闭性能好。

铝合金材料断面分为 38 系列、50 系列、70 系列、90 系列、100 系列等。

型材按不同规格，有不同系列，其截面形式和尺寸，是按其开启方式和门窗面积确定的。附件材料有滑轮、玻璃、密封条、角码、锁具、自攻螺钉、胶垫。

塑钢门窗主要的材料是硬质 PVC 塑料门窗型材和型材截面空腔中衬入的加强型材。硬质 PVC 塑料型材主要有聚氯乙烯和聚氯乙烯钙塑两类。硬质

PVC 塑料主要有聚氯乙烯型材窗，由于不含碳酸钙，其强度和老化性能较聚氯乙烯钙塑要好得多，具有良好的隔热、隔声、节能、气密、水密、绝缘、耐久和耐腐蚀等性能，适用于各种类型的建筑。

二、铝合金、塑钢门窗装饰基本构造

1. 铝合金门窗基本构造

铝合金门窗多采用塞口做法。安装时，为防止碱对门、窗框的腐蚀，不得

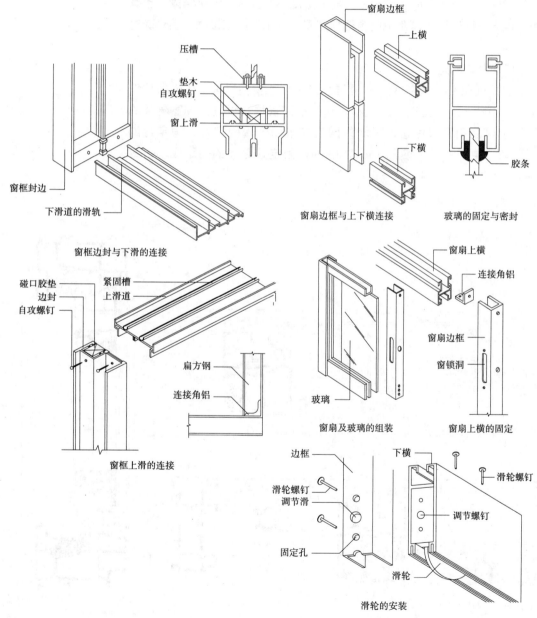

图 5-23　铝合金门窗基本构造示意

将门、窗框直接埋入墙体。当墙体为砖墙结构时，多采用燕尾形铁脚灌浆连接或射钉连接；当墙体为钢筋混凝土结构时，多采用预埋件焊接或膨胀螺栓铆接。

门窗框与墙体等的连接固定点，每边不少于两点，且间距不得大于700mm。在基本风压大于等于0.7kPa的地区，不得大于500mm。边框端部的第一固定点距上下边缘不得大于200mm。

窗框与窗洞四周的缝隙一般采用软质保温材料，如泡沫塑料条、泡沫聚氨酯条、矿棉粘条或玻璃丝粘条等分层填实，外表留5~8mm深的槽口用密封膏密封。这种做法主要是为了防止门窗框四周形成冷热交换区，产生结露，也有利于隔声、保温，同时还可以避免门窗框与混凝土、水泥砂浆接触，消除碱对门窗框的腐蚀。

2. 塑钢门窗基本构造

塑钢门窗是硬质PVC塑料型材的竖框、中横框或拼樘料等主要受力杆件中的截面空腔中衬入加强型钢，形成塑钢结合的门窗框，以提高门窗骨架的刚度。塑钢窗多采用塞口做法，与墙体固定应采用金属固定片，固定片的位置应距窗角、中竖框、中横框150~200mm，固定片之间的间距应小于或等于600mm。

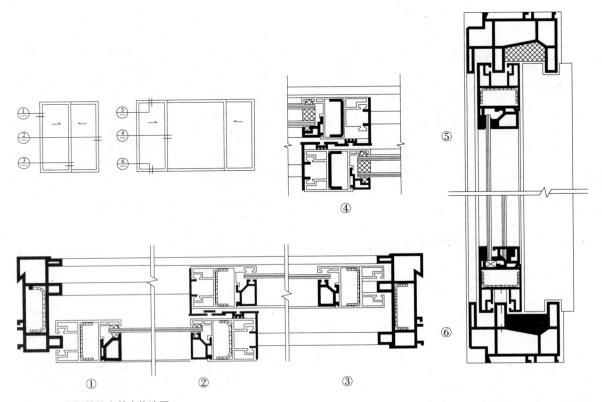

图5-24 塑钢推拉窗基本构造图

3. 配套五金

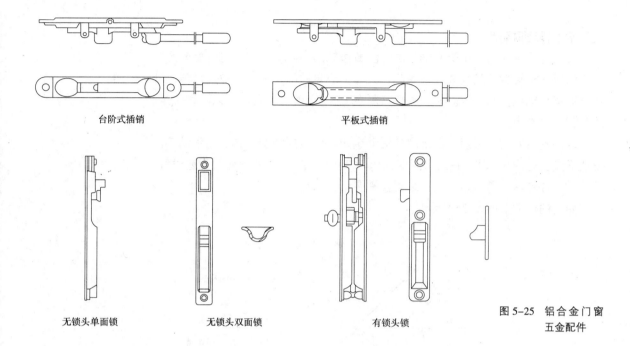

图 5-25　铝合金门窗五金配件

第四节　转门装饰构造

转门是建筑入口非常流行的一种形式，它改变了门的入口形式，利用门的旋转给人们带来一种动的美感。转门能达到节省能源、防尘、防风、隔声的效果，对控制人流量也有一定的作用。由于构造合理，开启方便，密闭性能好，富于现代感而广泛用于宾馆、商厦、办公大楼、银行等高级场所。

转门不适宜用于人流较大且集中的场所，更不可作为疏散门使用。设置转门需要有一定的空间，通常在转门的两侧加设玻璃门，以增加人流疏通量。

一、转门装饰材料

转门按材质分为铝合金转门、钢转门、钢木转门三种类型。

铝合金转门采用转门专用挤压型材。氧化色常用仿金、银白、古铜等色。钢结构和钢木结构中的金属型材为 20 号碳素结构钢无缝异型管，经加工冷拉成不同类型转门和转型框架。

金属转门有铝质、钢质两种金属型材结构。铝质结构是采用铝镁硅合金挤压型材，经阳极氧化成银白、古铜等色，其外形美观，耐蚀性强，质量较轻，使用方便。钢质结构是采用 20 号碳素结构钢无缝异型管，选用 YB431—64 标准，冷拉成各种类型转门、转壁框架，然后喷涂各种涂料而成。它具有密闭性好、抗震性能优良、耐老化能力强、转动平稳、使用方便、坚固耐用等特点。

转门采用合成橡胶密封固定玻璃，活扇与转壁之间采用聚丙烯毛刷条，具有良好的密闭抗震和耐老化性能。

二、转门装饰构造

转门有普通转门和旋转自动门之分。普通转门为手动旋转结构，旋转方向为逆时针；旋转自动门属高级豪华门，又称弧形自动门，采用声波、微波、外传感装置和电脑控制系统。转门的构造复杂、结构严密、起到控制人流通行量、防风保温的作用。

转门是由外框、圆顶、固定扇和活动扇四部分组成的旋转构造，活动扇由三或四扇门连成风车型，在两个固定弧形门套内旋转，旋转方向通常为逆时针，门扇的惯性转速可通过阻尼调节装置按需要进行调整。

转门的构造如图5-26所示。

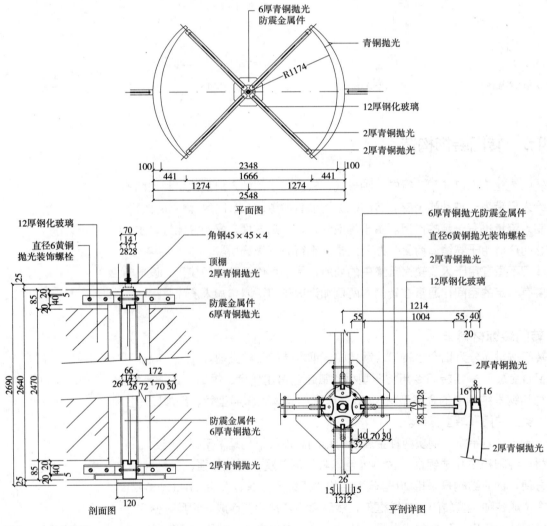

图5-26 转门构造

第五节　门窗装饰构造设计指导

一、设计步骤和方法

1. 教学方式和方法：按设计指导书要求和步骤，学生动手设计，教师进行一对一辅导，做到发现问题随时解决。针对学生暴露出来的具有代表性的问题进行讲解与总结。
2. 根据宾馆豪华套房的装饰特点，设计绘制中式木装饰门立面图面，注明细部尺寸及材质。
3. 根据中式木装饰门立面图绘制木装饰门剖面图。
4. 绘制门套及门框节点详图、大样图，并注明具体材料及做法。
5. 最后检查校对各道尺寸，详图索引符号和详图符号确保正确一致。
6. 未尽事宜参见设计任务书。

二、某装饰工程中式木装饰门构造设计过程

1. 中式木装饰门立面图

根据木装饰门构造设计任务书中的平面示意图，按照使用功能和设计风格要求绘制木装饰门设计立面图，表示细部尺寸及材质，并在需要绘制剖面图的部位绘制剖切符号，在需要绘制节点详图的部位引出详图索引符号。

2. 中式木装饰门构造剖面图

根据木装饰门立面图的设计，按照立面图上剖切符号的位置绘制木装饰门纵横剖面图，表示出剖面图中的细部尺寸、材料构造层次等，并在需要绘制节点详图的部位引出详图索引符号。

3. 中式木装饰门构造节点详图

查阅中式装饰门设计及装饰构造相关参考资料，选用参考资料中的构造做法，按照木门装饰立面图和剖面图中的各种材质要求，绘制相应的装饰构造节点详图。在绘制过程中按照制图规范要求，正确运用详图索引符号和详图符号。

思考题

1. 简述门窗的分类及其基本功能。
2. 简述木门窗的基本构造组成。
3. 简述夹板门、实木门、百叶木门门扇的构造要求。
4. 简述铝合金、塑钢门窗的构造要求。
5. 简述转门的组成及构造要求。

实训项目

1. 某酒店豪华套房中式木装饰门构造设计。

2. 某酒店豪华套房西式木装饰门构造设计。
3. 某茶室室内漏窗构造设计。
4. 某宾馆大堂转门构造设计。

项目 5-1 中式木装饰门构造设计

一、设计目的

掌握中式木装饰门施工图的绘制内容，能根据环境特征设计装饰效果好的木门造型。

二、设计条件

已知某酒店豪华套房平面图如图 5-01 所示。试根据此图设计中式风格的木装饰门。门洞尺寸为 1000mm×2100mm，门扇为单扇门。

三、设计内容及深度要求

用 2 号制图纸，以铅笔或墨线笔完成以下图样，比例自定。要求施工图深度符合国家制图标准。

1. 中式木装饰门立面图。
2. 木装饰门纵横剖面详图。
3. 门扇细部节点详图。
4. 门套及门框细部构造详图。

建筑装饰构造

第六章　楼梯装饰构造

一、教学目标

最终目标：会设计绘制楼梯装饰平面图、立面图、剖面图、节点详图、大样图。

促成目标：

1. 能识读楼梯装饰构造节点详图；
2. 能根据楼梯装饰平面图分析楼梯装饰材料和构造做法；
3. 能根据楼梯装饰平面图绘制楼梯装饰立面图；
4. 能根据楼梯装饰平、立面图绘制梯段剖面图；
5. 能根据楼梯装饰平、立、剖面图绘制踏面扶手等构造节点详图、大样图。

二、工作任务

1. 查找常见楼梯装饰构造做法资料；
2. 绘制楼梯装饰平面、立面和剖面图；
3. 绘制楼梯装饰构造节点详图、大样图。

作为室内设计员要完成楼梯装饰施工图设计，必须掌握相关建筑制图规范，了解楼梯装饰构造原理、构造做法等知识，掌握常见楼梯装饰构造类型和装饰构造做法等，并能依据楼梯使用功能和方案设计图对楼梯装饰进行平、立、剖面图设计和节点详图设计等。楼梯装饰构造设计是为了全面训练学生识读、绘制建筑装饰施工图的能力，检验学生学习和运用楼梯装饰构造知识的程度而设置的。

三、项目案例导入：某装饰工程楼梯装饰构造设计

通过项目带出本章主要的学习内容，使学生首先建立起本章学习目标的感性认识。楼梯是建筑中不同标高的楼地面之间的重要连接构件，也是室内重点的装饰部位。楼梯装饰构造是实现楼梯装饰设计的技术措施，楼梯装饰构造处理得当与否，对楼梯使用功能和建筑空间环境气氛等影响很大，应根据不同的使用和装饰要求选择相应的材料、构造方法，以达到设计的实用性、经济性、装饰性。

四、某装饰工程楼梯装饰构造设计任务书

1. 设计目的

能够根据各类型楼梯的装饰装修特点，结合楼梯使用功能，确定其装饰构造类型，掌握混凝土类、木质类、钢制类不同材料及双跑、直跑、弧形、螺旋等不同形式楼梯的构造做法，熟练地绘制出各类楼梯的装饰设计施工图。

2. 设计条件

已知某楼梯的建筑平面图如图 6-01 所示。试根据此图设计楼梯装饰装修

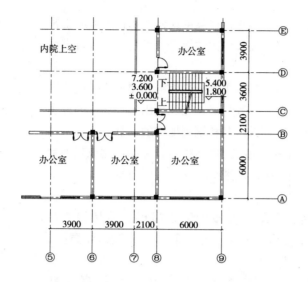

图6-01 某办公楼楼梯建筑平面图

平面图、立面图、剖面图及节点详图,并达到施工图深度。

3. 设计内容及深度要求

用2号制图纸,以铅笔或墨线笔完成以下图样,比例自定。要求施工图深度符合国家制图标准。

(1)楼梯的装饰装修平面图和立面图,标注具体的平立面尺寸、踏步数及踏步尺寸。

(2)楼梯段的局部剖面图,表示踏步饰面分层构造及做法。

(3)栏杆与梯段、栏杆与扶手、顶层水平栏杆与墙体连接的构造详图。

第一节 楼梯概述

楼梯是建筑中上下通行疏散的重要交通设施,也可以看作是楼地面的延伸形式,是建筑中不同标高楼地面之间的重要连接形式。楼梯也是室内重点装饰部位,建筑装饰装修设计中楼梯的设计包括在建筑空间中增建或改建楼梯,楼梯的梯段、踏步、栏杆、栏板、扶手等构件的各种形态、材料以及施工方式,以及由此传达出来的不同的外观特征。

一、楼梯的分类

1. 按材料分类

出于结构、功能和审美等方面的考虑,多数楼梯会将若干种材料结合使用。楼梯使用材料包括结构材料和饰面。事实上,楼梯的表和里是一种难以区分的模糊概念,多数材料兼具结构和装饰功能。按主体结构所用材料来区分,包括木楼梯、钢筋混凝土楼梯、钢楼梯及其他金属楼梯、玻璃楼梯。

(1)木楼梯 是全木制或主体结构为木制的楼梯。楼梯造型自然、典雅、古朴,常用于住宅室内。但其防火性能差,施工中需做防火处理。

（2）钢筋混凝土楼梯 是混凝土结合钢筋在构架中现浇或由钢筋混凝土预制配件装配而成的楼梯。其强度高、耐久性和防火性能好、可塑性强，可满足各种建筑的使用要求，应用广泛。

（3）钢楼梯及其他金属楼梯 是全钢制或主体结构为钢制楼梯或其他金属的楼梯，它具有强度大、防火性能好及轻便等特点，能表现出轻巧纤细的外观特征。另外，还有钢木结合的楼梯，它兼具木制和钢制楼梯的特征。

（4）玻璃楼梯 以钢化玻璃或丙烯酸树脂为主体材料，并结合钢或其他金属材料的楼梯，具有玲珑剔透的外观特征以及通透流畅的空间效果。

2. 按造型分类

（1）直线形楼梯 包括单跑、双跑以及多跑直线楼梯。楼梯的方向单一，线条直接、硬朗；直线楼梯占用空间面积相对较小，疏散人流直接、快速。

（2）折线形楼梯 梯段的方向通过平台或扇步的转折而中途发生变化，转折部分可为任意角度，楼梯平面形式千变万化，有对折、三折、四折等多种形式。

（3）曲线形楼梯 梯段呈曲线状的楼梯，包括弧段式、S形、圆旋式、椭圆旋式等，另外，还有曲线楼梯和直线楼梯相结合的形式。

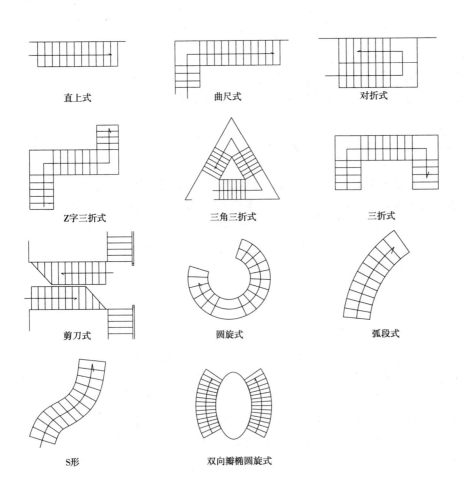

图 6-02 楼梯造型分类图示

3. 按结构分类

（1）梁式楼梯　是以梯段梁作为支撑的楼梯，适用于跨度大、荷载大的空间。根据楼梯造型有双梁式、单梁式、折梁式、扭梁式等。梁可设置在梯段两边或中间、踏步上方或下方，也可以设在侧面用来对踏步端部进行收头处理。梁式楼梯应用广泛。

（2）板式楼梯　以板作为支撑的楼梯，梯段底部呈平滑或折板形，外观简洁、结构简单。根据楼梯造型有平板、折板、扭板等形式。板式楼梯用材多，自重大，适用于跨度较小或荷载较小的情况。

（3）悬臂楼梯　是以踏步悬臂作为支撑体的楼梯，有墙身悬臂和中柱悬臂两种形式，造型轻巧，楼梯占用空间小，适用于住宅建筑或公共建筑的辅助楼梯。墙身悬臂由单侧墙壁支撑，踏步一端固定，另一端悬挑，悬挑长度一般不超过1.5m。中柱悬臂大多用于螺旋楼梯。

（4）墙承楼梯　是将踏步搁置于两面墙体上，由墙体承重。多适用于单向楼梯，其构造简单，安装要求低。

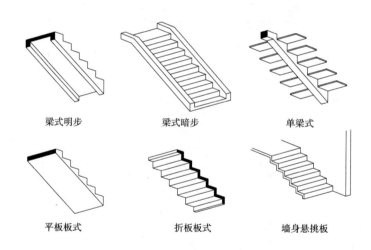

图6-03　楼梯结构分类图示

二、楼梯的基本功能

楼梯既是建筑中最为主要的垂直交通设施，同时也是紧急情况下安全疏散的主要通道，因此，楼梯既要满足使用功能的要求，又要确保使用安全需要。另外，在建筑装饰装修设计中，楼梯本身的多变造型也是空间设计元素之一。楼梯具有的二维或三维斜线或曲线的造型以及由透视而产生的节奏、韵律变化会为空间增加动态因素，丰富空间的表情。

三、楼梯的技术要求

1. 楼梯的坡度

楼梯坡度的确定，应考虑到行走舒适、攀登效率和空间状态诸多因素。

梯段各级踏步前缘各点的连线称为坡度线。坡度线与水平面的夹角即为楼梯的坡度。各种楼梯的坡度如图 6-04 所示。

2. 踏步尺寸

踏步尺寸一般应与人脚尺寸及步幅相适应，同时还与不同类型建筑中的使用功能有关。踏步的尺寸包括高度和宽度，常用的适宜踏步尺寸见表 6-01。同一楼梯的各个梯段，其踏步的高度、宽度尺寸应该是相同的，尺寸不应有无规律的变化，以保证坡度与步幅关系恒定。

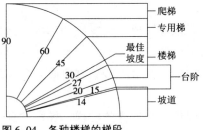

图 6-04　各种楼梯的梯段

常用的适宜踏步尺寸　　　　　　表 6-01

建筑类型	住宅	一般公共建筑或大中型公共建筑的次要楼梯	大型公共建筑的主要楼梯
踏步高 (mm)	150~175	140~160	130~150
踏步宽 (mm)	250~300	280~300	300~350

3. 中间平台尺寸

直跑楼梯中间平台深度不应小于 $2b+h$（b 和 h 分别为踏步宽度和高度）；双跑楼梯中间平台深度不应小于梯段宽度。

4. 梯段的净空和净高

梯段净高是指踏步前缘到顶棚之间地面垂直线的长度，其尺寸不应小于 2200mm。梯段净空是指楼梯空间的最小高度，即由踏步前缘到顶棚的距离，其尺寸不应小于 2000mm。平台部位的净高不应小于 2000mm，具体如图 6-05 所示。

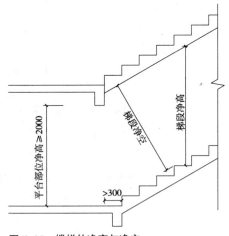

图 6-05　楼梯的净高与净空

5. 栏杆扶手尺寸

栏杆扶手的高度是指从踏步表面中心点到扶手表面的垂直距离。一般楼梯扶手的高度为 900mm，顶层楼梯平台的水平栏杆扶手高度为 1100~1200mm，儿童扶手高度为 500~600mm。

此外，栏杆扶手的高度，还应结合楼梯坡度来考虑，坡度大的楼梯扶手应低些，坡度小的则应高些，具体见表 6-02。

栏杆扶手高度 表6-02

楼梯坡度	0°	≤ 30°	≤ 45°	>45°
栏杆扶手高度（mm）	1100~1200	900	850	750~800

第二节 楼梯装饰构造

一、梯段装饰构造

1. 钢筋混凝土楼梯梯段构造

钢筋混凝土楼梯梯段分为现浇和预制钢筋混凝土楼梯两类。现浇钢筋混凝土楼梯可分为板式楼梯和梁式楼梯。板式楼梯是将楼梯段作为整板搁在楼梯平台梁上，为了楼梯下部空间的完整和美观，也可取消平台梁。板式楼梯地面平整、外形简洁，支模简便，但受到跨度限制，一般梯段长度的水平投影大于3.6m时不易采用板式楼梯。梁式楼梯用梯段梁来承受板的荷载，并将荷载传递至平台梁的楼梯称为梁式楼梯。梁式楼梯一般采用双梁式，即将梯段斜梁布置在梯段踏步的两端。梯梁在板下部的称明步楼梯；梯梁在板上部的称暗步楼梯。梁式楼梯还可采用单梁式。构造做法如图6-06所示。

混凝土楼梯的装饰装修是在混凝土的基层上做木材或金属面层，同时考虑栏杆栏板的安装。图6-07是以枫木为夹板饰面的混凝土楼梯构造，图6-08是选用金属饰面的构造形式。

2. 木楼梯梯段构造

木楼梯梯段一般由木斜梁、斜梁板、木踏步和踢脚组成。木斜梁是一段楼梯中支承踏步的主要倾斜梁，斜梁的数量和间距取决于踏步材料所能跨越的能力。斜梁板是沿楼梯间倾斜的装饰部分，踢脚和踏步终止于此。木楼梯的梯段构造如图6-09所示。

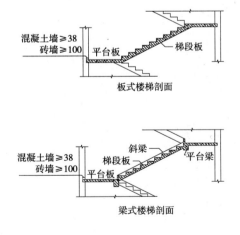
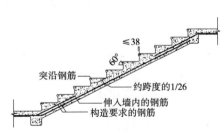

图6-06 钢筋混凝土楼梯梯段构造

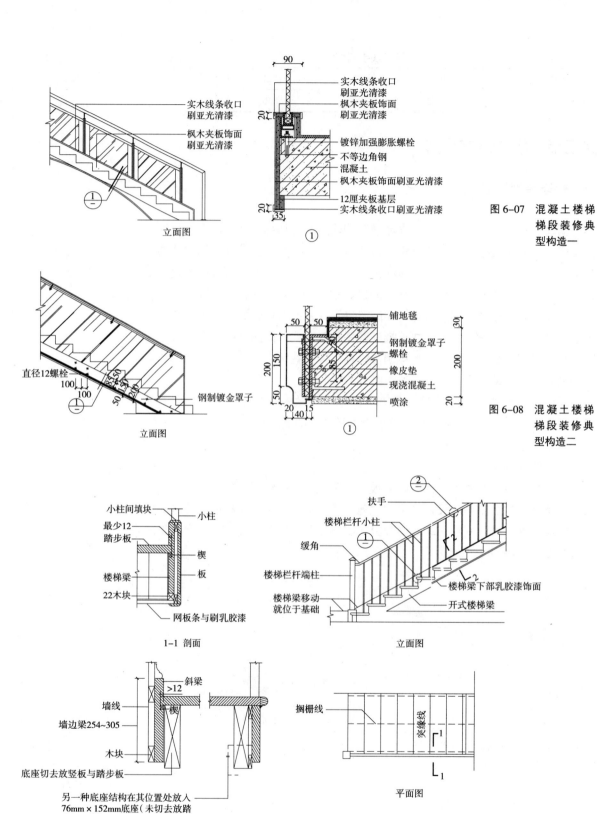

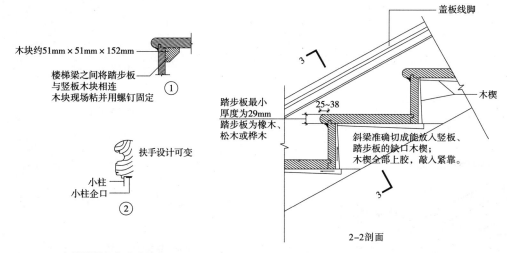

图 6-09 木楼梯梯段构造（续）

木斜梁与平台或地面的连接，通常用木螺钉与固定在平台或地面的金属构件连接起来。图 6-10 所示为连接典型构造。

在现代设计中，木楼梯通常与其他材料结合，如不锈钢、玻璃等，使传统厚重的木楼梯显得轻巧、通透。图 6-11 所示是楼梯由木梁、不锈钢踏步和栏杆组成的混合结构楼梯构造。

3. 钢楼梯梯段构造

钢梯在构造形式上与木楼梯的梁式结构相似。一般用各种型钢作为梯段斜梁和平台梁。另外，还可以用钢板焊接成箱式梁，踏步可用钢筋网踏步、混凝土浇筑的钢模板踏步，或者木制踏步。如图 6-12、图 6-13 所示。

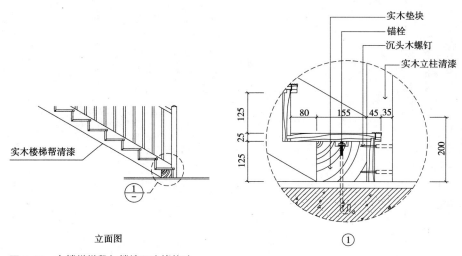

图 6-10 木楼梯梯段与楼地面连接构造

第六章 楼梯装饰构造

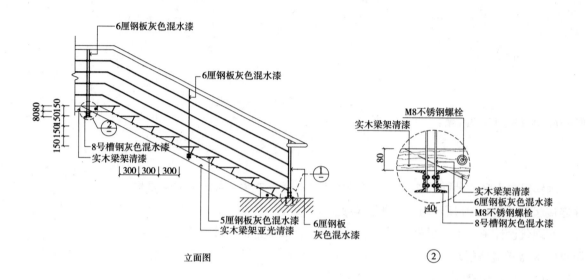

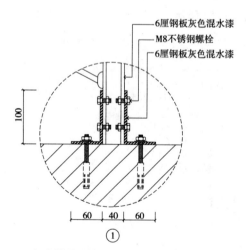

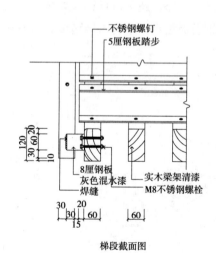

图 6-11 钢木楼梯梯段构造

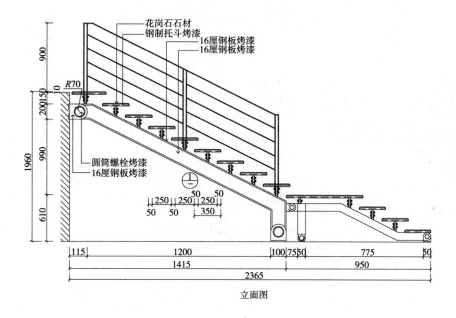

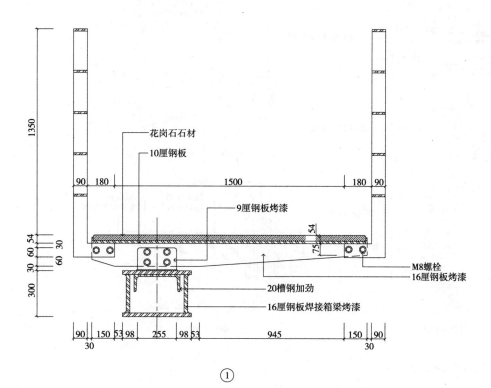

图 6-12 梯梁为焊接箱梁的钢质楼梯梯段构造

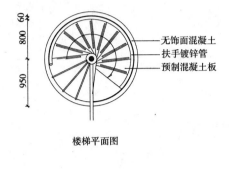
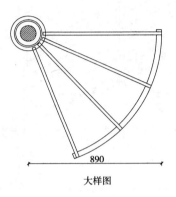
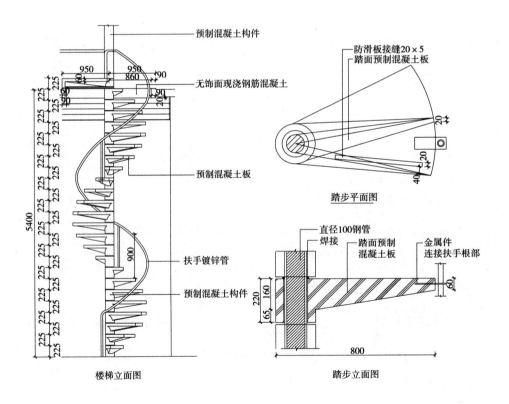

图 6-13 钢制螺旋楼梯构造

二、踏步装饰构造

踏步由踏板和竖板组成，踏步的设计形式主要取决于踏板与竖板的关系。在特殊的楼梯设计中，有时只有踏板而无竖板，或者踏板与竖板合二为一。楼梯的踏步构造要求安全舒适，可将踏面适当放宽20mm做成踏口或将踢面做成倾斜。踏步表面要求具有良好的装饰效果，耐磨、防滑，在踏步口处需做防滑处理，采用防滑条、防滑凹槽或防滑包口等构造措施。

1. 踏步构造

（1）木制踏步构造　如图6-14所示

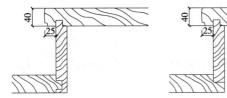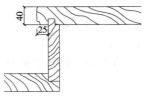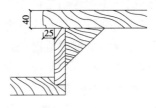

图6-14　木制踏步连接做法

（2）钢制踏步构造　如图6-15所示

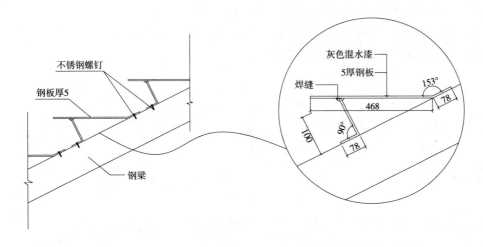

图6-15　钢制踏步构造

（3）混凝土踏步构造　混凝土预制踏步用于钢制楼梯，如图6-16所示，预制混凝土踏步的截面具有多种形式，如图6-17所示。现浇钢筋混凝土楼梯的踏步与梯段整体现浇而成。

2. 踏步面层与防滑构造

（1）抹灰面层与防滑构造　抹灰面层踏步的做法一般是在踢板、踏板表面做20~30mm厚水泥砂浆、混凝土面层或水磨石面层。防滑条做法是在离踏口30~40mm处做防滑条，高出踏面5~8mm，防滑条离梯段两侧面各空150~200mm，以便清洗楼梯。防滑条常见的做法是金刚砂20mm宽，也可用金属条棍做防滑条，或者用钢板包角。如图6-18所示。

（2）贴面面层与防滑构造　楼梯踏步贴面面层的构造与楼地面贴面构造类似，只是水泥砂浆粘合层稍厚。防滑构造一般用胶粘铜或铝的防滑条，高出踏面 5mm；或者将踏面板在边缘处凿毛或磨出浅槽。如图 6-19 所示。

（3）铺钉面层与防滑构造　铺钉面层做法是将各种板材以架空或实铺的方式铺钉在楼梯踏步上，这种做法与地板的铺设相似。如图 6-20 所示。

（4）地毯铺设与防滑构造　地毯铺设构造分粘贴式和浮云式。粘贴式是将地毯粘在踏步基层上，踏口处用铜、铝等包角镶钉；浮云式是将地毯直接扑在踏步基层上，用地毯棍或地毯卡条将其卡在踏步上。如图 6-21 所示。

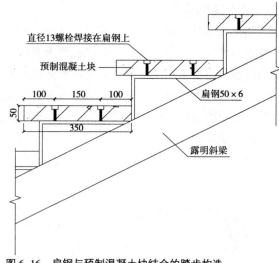

图 6-16　扁钢与预制混凝土块结合的踏步构造

1）粘结固定　主要是用于胶背地毯（自带海绵衬底）。可将胶粘剂涂抹在踢板和踏板上，适当晾置后再将地毯进行粘贴并擀平压实。

2）地毯棍固定　铺设地毯时，先用胶粘结地毯胶垫，固定好后，将地毯从楼梯底最高一阶铺起，将始端翻起，并在顶阶底踢板处钉住。将地毯拉紧抱住楼梯，循踢板而下，向底部铺设，在每一踏步上用直径 20mm 不锈钢地毯棍在梯阶根部将地毯压紧并穿入紧固件圆孔，拧紧调节螺钉。

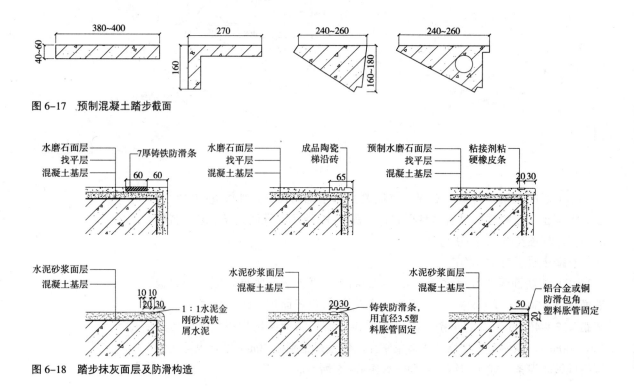

图 6-17　预制混凝土踏步截面

图 6-18　踏步抹灰面层及防滑构造

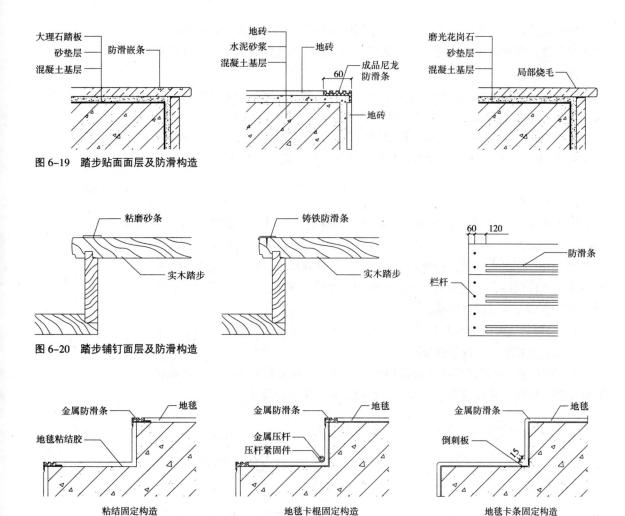

图 6-19 踏步贴面面层及防滑构造

图 6-20 踏步铺钉面层及防滑构造

图 6-21 踏步地毯铺设及防滑构造

3）地毯卡条固定 将倒刺板条钉在楼梯踏面之间的阴角两边。倒刺板距阴角之间留 15mm 的缝隙，倒刺板的抓钉爪顶倾向阴角。

三、栏杆、栏板和扶手构造

楼梯的栏杆、栏板和扶手是设在梯段和平台边缘提供保护作用的构件，是重要的安全构件，栏杆、栏板的选材应坚固耐久，本身要求有足够的强度来承受水平推力。扶手位于栏杆、栏板上沿，不能过于尖锐或粗糙，为了便于握紧扶手，应考虑其形状和尺寸。另外，栏杆、栏板和扶手也是最能体现装饰性的构件，其尺度、比例、虚实、材质的不同会给空间带来多样性变化。

1. 栏杆构造

（1）木栏杆构造 木栏杆由扶手、立柱、梯帮三部分组成，形成木楼梯的整体护栏，起安全维护和装饰作用。立柱上端与扶手、立柱下端与梯帮均采用木方中榫连接。木扶手转角木（弯头）依据转向栏杆间的距离大小，来确定转角木采用整只连接还是分段连接。通常情况下，栏杆为直角转向时，多采用整只转角木连接。

（2）金属栏杆构造　金属栏杆与梯段、平台、踏步的连接方式有锚接、焊接和栓接三种。锚接是在梯段或平台上预留孔洞，孔宽50mm×50mm，孔深至少为80mm，将栏杆插入孔内，用水泥砂浆或细石混凝土嵌固。焊接是预先埋置铁件，然后与栏杆焊接。栓接是利用螺栓将栏杆固定。如图6-22~图6-24所示。

2. 栏板构造

（1）玻璃栏板构造　有全玻式和半玻式两种构造类型。全玻式一般采用12mm以上通常的钢化玻璃代替常用的金属立柱，除了具有一定的装饰效果和维护功能外，同时也是受力构件。半玻式中的玻璃仅起维护作用，受力构件主要由金属立柱组成，一般采用8~12mm厚的普通平板玻璃，玻璃镶嵌在两金属立柱之间或与专用紧固件连接。

1）全玻式　全玻式栏板玻璃是在上下部用角钢或槽钢与预埋件固定，上部与不锈钢或铜管、木扶手连接。

2）半玻式　半玻式栏板其玻璃用卡槽安装于楼梯立柱扶手之间，或者在立柱上开出槽位，将玻璃直接安装在立柱内，并用玻璃胶固定。

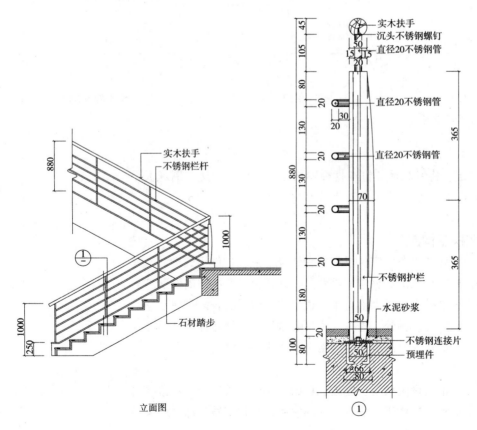

图6-22　混凝土楼梯的不锈钢栏杆构造

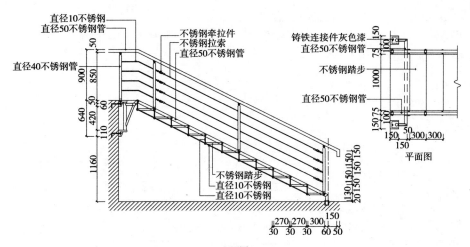

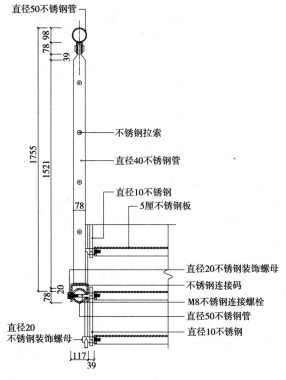

图 6-23 金属楼梯的金属栏杆构造

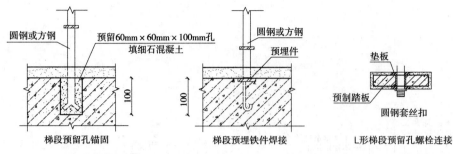

图 6-24　金属栏杆连接构造

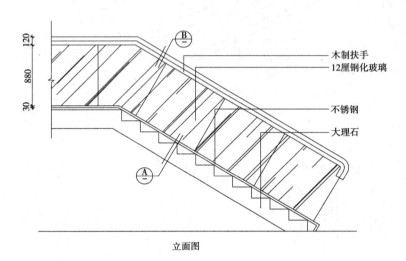

立面图

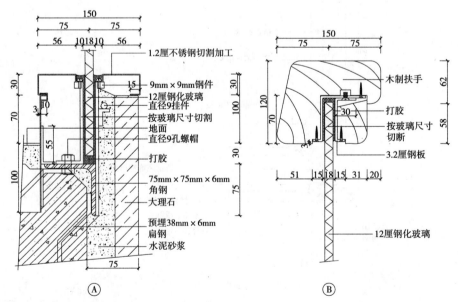

图 6-25　全玻式玻璃栏板构造

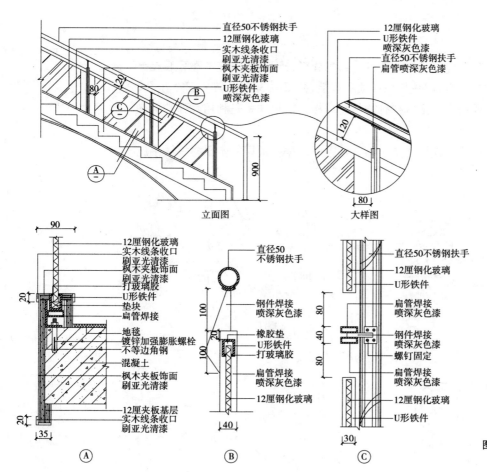

图 6-26 半玻式玻璃栏板构造

（2）石材栏板构造

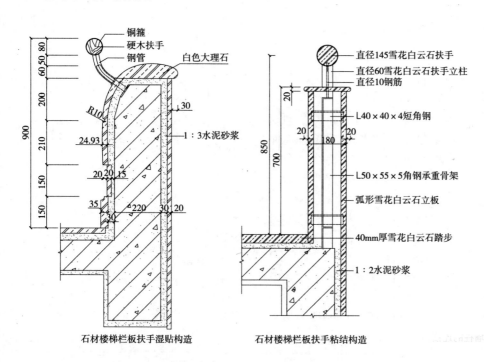

图 6-27 石材栏板构造

3. 扶手构造

（1）扶手与栏杆的连接构造　木扶手与金属栏杆连接一般靠木螺钉通过一通长扁铁与空花栏杆连接，扁铁与栏杆顶端焊接，并每隔 300mm 左右开一小孔，穿木螺钉固定。金属扶手与金属栏杆通常用焊接，塑料扶手是利用其弹性卡在扁钢带上。

（2）扶手与墙、柱的连接构造　靠墙扶手以及楼梯顶层的水平栏杆扶手应

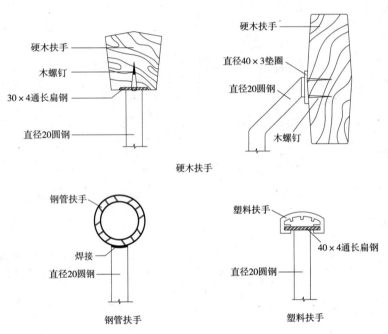

图 6-28　扶手与栏杆的连接构造

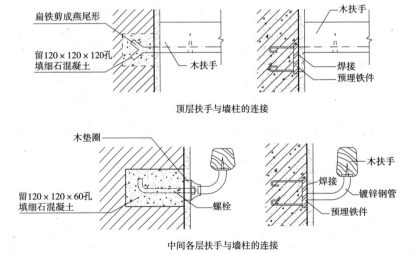

图 6-29　扶手与墙柱的连接构造

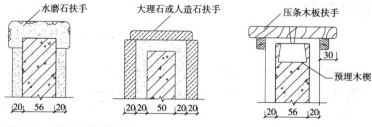

图 6-30　石材栏板扶手构造

与墙、柱连接。可以在砖墙上预留孔洞，将栏杆扶手铁件插入洞内并嵌固，也可以在混凝土柱相应的位置上预埋铁件，再与扶手的铁件焊接。

（3）扶手与栏板的连接　石材栏板上的扶手多采用水磨石或用水泥砂浆粘结的石材扶手，也可采用木板扶手。

全玻式玻璃栏板上的扶手做法如图 6-31、图 6-32 所示。

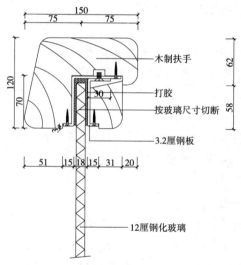

图 6-31　全玻式玻璃栏板扶手构造

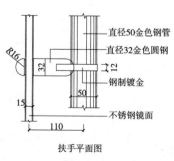

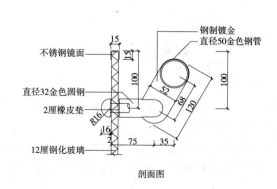

图 6-32　全玻式玻璃栏板扶手构造变化

第三节　楼梯装饰构造设计指导

一、设计步骤和方法

1. 教学方式和方法：按设计指导书要求和步骤，学生动手设计，教师进行一对一辅导，做到发现问题随时解决。针对学生暴露出来的具有代表性的问题进行讲解与总结。

2. 根据混凝土双跑楼梯的特点和办公楼楼梯的使用功能，设计绘制出楼梯的装饰平面图和立面图，注明细部尺寸。

3. 根据楼梯装饰平立面图绘制梯段装饰局部剖面图，注明踏步饰面分层构造及做法。

4. 绘制选用的楼梯栏杆与踏步、平台的连接构造节点详图。

5. 绘制选用的木扶手形式，以及与栏杆和墙体的连接构造节点详图。

6. 最后检查校对各道尺寸，详图索引符号和详图符号确保正确一致。

7. 未尽事宜参见设计任务书。

二、某装饰工程混凝土双跑楼梯的装饰构造设计过程

1. 楼梯装饰平面图和立面图

根据设计任务书中的建筑平面图，按照使用功能要求绘制楼梯装饰平面图和立面图，表示出细部尺寸，并在需要绘制剖面图的部位绘制剖切符号，在需要绘制节点详图的部位引出详图索引符号。

2. 楼梯装饰构造梯段局部剖面图

根据楼梯装饰平立面图的设计，按照剖切符号的位置绘制梯段装饰剖面图，表示出剖面图中的细部尺寸、梯段的构造层次、踏步的构造层次及做法，并在需要绘制节点详图的部位引出详图索引符号。

3. 踏面装饰和栏杆扶手的构造节点详图

根据任务书中对踏面和栏杆扶手选材的要求，查阅混凝土楼梯的装饰设计及装饰构造相关参考资料，选用参考资料中的构造做法，依据楼梯装饰平立面图绘制踏面、栏杆和扶手的构造节点详图。在绘制过程中按照制图规范要求，正确运用详图索引符号和详图符号。

思考题

1. 简述楼梯的分类及基本功能。
2. 楼梯梯段以材料分类，有哪几种梯段？其各自有何构造特点？
3. 楼梯踏步面的防滑措施有哪些？
4. 楼梯的栏杆和栏板有哪几种类型，其各自的构造要求是什么？
5. 简述楼梯的扶手与栏杆和栏板以及墙体的连接有哪几种类型？

实训项目

1. 某办公楼混凝土双跑楼梯的装饰装修构造及节点设计。
2. 某别墅直跑木楼梯的装饰装修构造及节点设计。
3. 某宾馆大堂内钢螺旋楼梯的装饰装修构造及节点设计。

项目6-1 混凝土双跑楼梯装饰装修施工图设计

一、设计目的

掌握混凝土楼梯及其常用的栏杆、栏板、扶手和踏面的装饰装修构造及做法,熟练地绘制混凝土楼梯的装饰施工图。

二、设计条件

已知某办公楼楼梯的建筑平面如图6-01所示。

1. 试根据此图设计混凝土楼梯的装饰装修平面图、立面图、局部剖面图及节点详图。
2. 要求选用不锈钢栏杆、木扶手和石材板踏步。

三、设计内容及深度要求

用2号制图纸,以铅笔或墨线笔完成以下图样,比例自定。要求施工图深度符合国家制图标准。

1. 混凝土双跑楼梯的装饰装修平面图和立面图,标注具体的平立面尺寸、踏步数及踏步尺寸。
2. 楼梯段的局部剖面图,表示踏步饰面分层构造及做法。
3. 栏杆与梯段、栏杆与扶手、顶层水平栏杆与墙体连接的构造详图。

第七章　建筑装饰构造综合实训

建筑装饰构造

一、教学目标

最终目标：具备绘制施工图的能力，会设计、绘制建筑装饰构造详图。
促成目标：
1. 能识读建筑装饰构造图纸。
2. 能设计、绘制建筑装饰施工图。
3. 能审核建筑装饰施工图。

二、工作任务

1. 识读建筑装饰施工图。
2. 建筑装饰施工图设计。

建筑装饰构造是一门实践性很强的课程，综合实训是为学生在理论课堂与工程实践之间架起一座桥梁。让学生运用建筑装饰构造原理，举一反三地设计各种节点详图，指导工程实践。建筑装饰构造综合实训是为了全面训练学生识读、绘制建筑装饰施工图的能力，培养学生综合想象、构思能力，分析问题、解决问题的能力，使学生具备绘制、审核建筑装饰施工图的能力而设置。

三、项目案例导入

案例一、建筑装饰施工图识读

任课教师或学生自己选取 2~3 套规范的建筑装饰施工图或本书最后附图作为识读内容，通过课堂上教师的指导，结合实训课题安排课外施工现场参观，选择正在施工、构造外露的典型工程，分析其构造做法及特点。让学生能正确识读装饰施工图，最后要求学生通过比较分析，总结工程实例构造技术要点，分析施工图中的优点和不足之处，发现施工图中有无疏漏或与实际工程做法中不同之处。

案例二、某住宅装饰构造设计

通过项目来完成本章的学习内容，了解建筑装饰构造做法及技术措施的设计与选用，会根据其用途的不同而选用不同的装饰材料，并做不同的构造设计处理。同样的房间，因其处在不同部位或不同性质的工程而存在很大差别，且使用对象不同，也会产生较大的差异。经过本章的综合实训，能让学生系统地接受建筑装饰施工图的表达方法、表述内容、表达深度的训练。

四、某住宅装饰构造设计

1. 设计目的

能够根据住宅使用的特点，结合其平面功能，确定其地面、墙柱面及顶棚的构造类型，能综合前面所学的内容，熟练地绘制出墙、柱、地面和顶棚的装修构造设计图，并具备审核建筑装饰施工图的能力。

2. 设计条件

图 7-01 所示为某住宅设计图，试根据图纸设计出其客厅、餐厅地面及顶棚的构造类型。各部位所用材料按图示要求或自行另选。

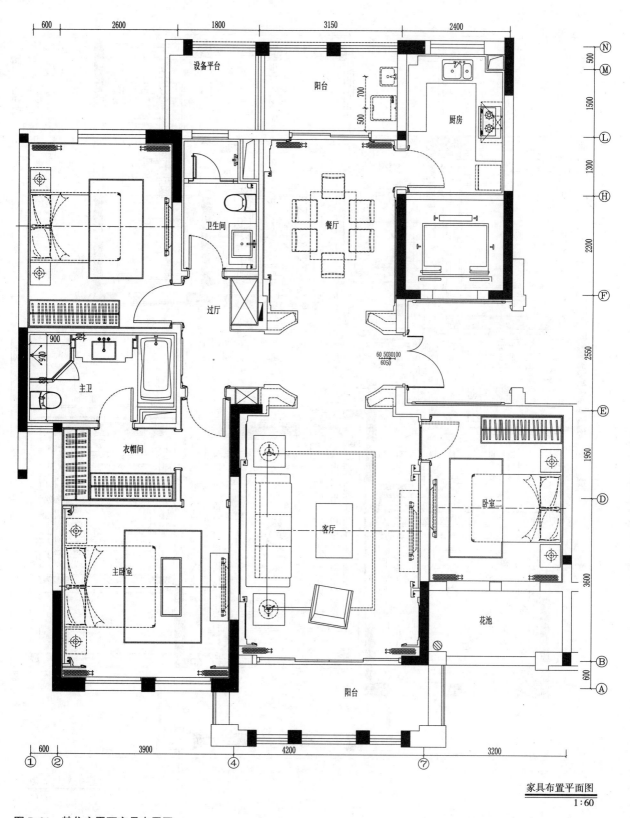

图 7-01 某住宅平面家具布置图

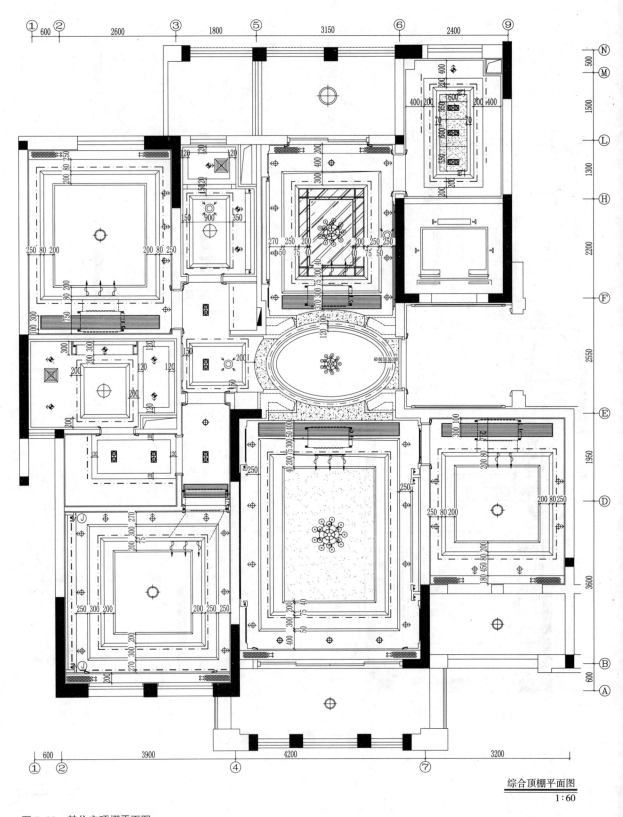

图 7-02 某住宅顶棚平面图

3. 绘图要求

（1）用2号绘图纸，以墨线笔绘制，各图比例自定。

（2）图面布局合理，图线粗细分明，字体工整。

（3）要求达到装饰施工图深度，符合国家制图标准。

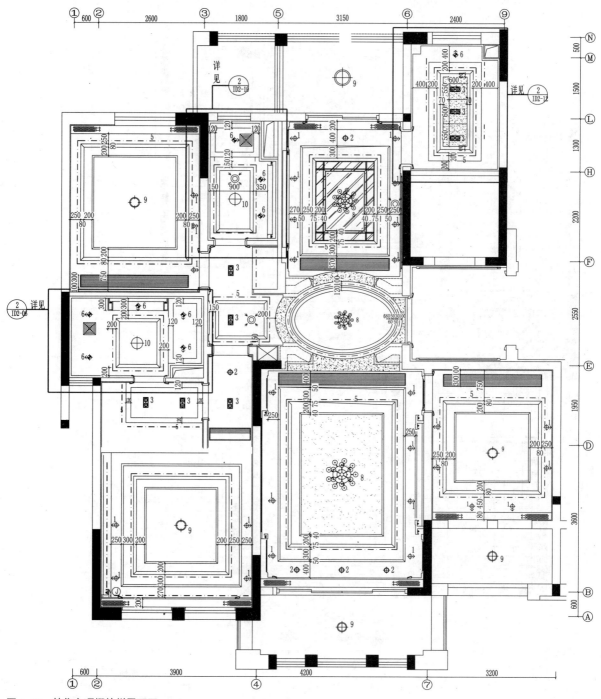

图7-03 某住宅顶棚放样平面图

4. 设计深度要求

（1）要求表示地面分层构造剖面图，并标明各分层构造具体做法。

（2）框架柱的装饰立面图及节点详图。

（3）住宅某一方向立面图及剖面详图。

（4）顶棚剖面及节点详图。

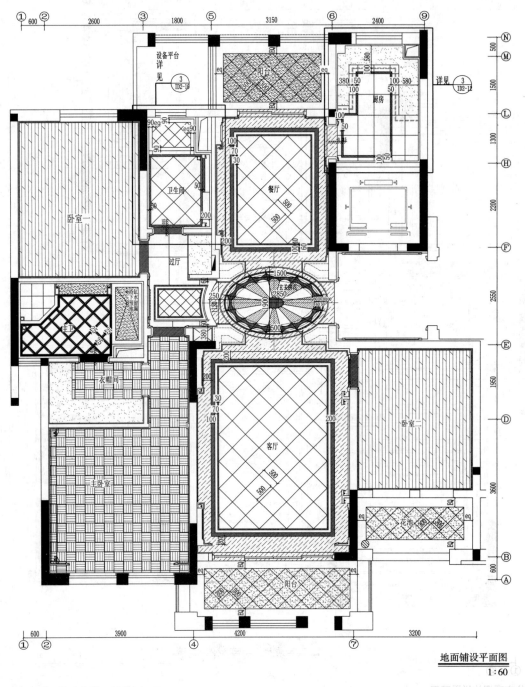

图 7-04　某住宅地面铺设平面图

第一节　建筑装饰施工图实例解读

建筑装饰施工图是建筑装饰构造设计的表达，其将装饰设计思想落到实处的具体细化处理，是构思转化为实物的技术手段。能读懂建筑装饰施工图，是工程技术人员的一项基本能力。一般认为，要读懂建筑装饰施工图需要具备投影理论、图示方法、制图标准、建筑构造等基本知识。

一、目的和方法

1. 目的

通过对实例图纸的分析，学生应能从读懂建筑装饰施工图，过渡到绘制装饰施工图并具备审核装饰施工图的能力。

2. 建筑装饰施工图的读图方法

（1）建筑装饰施工图的特点

目前，我国还没有制定出建筑装饰工程的统一制图标准，在实际的工程中，建筑装饰施工图的标示形式大多沿用了建筑施工图的标准，但由于图示内容有所不同，因此建筑装饰施工图中常出现建筑制图、家具制图、园林制图和机械制图等多种画法并存的现象。

建筑装饰施工图多使用大比例绘制，图上不仅要标明建筑的基本结构，还要标明装饰的形式、结构与构造，而且在建筑装饰施工图中标准定型化设计较少，所使用的标准图集不多，特别是在大型的工装设计图纸中大部分局部和装饰配件都需要单独画详图来说明其构造形式。

（2）建筑装饰施工图

一般来说，一套完整的建筑装饰施工图按照编制顺序应依次包括以下内容：封面、图纸目录、设计及施工说明、施工图设计图纸、建筑装饰装修材料（做法）表等。施工图设计图纸一般包括各层平面布置图、各层铺地平面图（地饰面图）、各层顶棚（天花）平面图、室内立面图、装饰详图等。根据建筑的规模和简易复杂程度，图纸少则几张、十几张，复杂的多则几十张甚至上百张。

1）图纸目录。内容有序号、图纸名称、图纸编号、图纸张数等。

2）设计说明（施工说明）。设计说明是装饰工程施工图中非常重要的部分，它是按图施工的重要依据。其内容主要包括施工图设计依据、工程概况、分项工程的做法说明、施工图中未说明的部分等。

3）平面布置图。主要表达建筑内部空间的功能布置以及门窗和出入口的位置等内容。在大型公共建筑装饰设计时，可根据需要加入原始平面图尺寸和后加建墙体的平面隔间尺寸图，用以表达各种隔墙之间的尺寸位置关系。

4）铺地平面图（地饰面图）。主要表达楼地面采用的各种装饰材料选用，楼地面各种拼花造型，标高以及装饰材料的规格尺寸。

5）顶棚（天花）平面图。主要表达顶棚装饰造型的平面形式及尺寸，灯具以及其他设施的布置方式和定位尺寸,并通过附加文字说明其所用材料、色彩及工艺要求。

6)室内立面图。主要表示建筑主体结构中铅垂立面的装修做法,墙面装饰的材料名称、规格、尺寸,以及相应的详图、剖切符号等。

7)装饰详图。主要是表达材料之间的相互构造与连接。其是对装饰平面图、装饰立面图的深化和补充,是装饰施工以及细部施工的依据。

(3)阅读建筑装饰施工图的一般程序

阅读建筑装饰施工图,除应了解其图纸的特点外,还应该按照一定顺序进行阅读,才能比较迅速全面地读懂图纸,以完全读懂图纸。

一套建筑装饰施工的图纸往往有很多张,一般应按以下顺序依次阅读和作必要的相互对照阅读。

1)先看图纸目录,了解本套图纸的设计单位、建设单位、图纸类别及图纸共有多少张。

2)按照图纸目录,查看本套图纸是否齐全,编号与图名是否符合等。

3)看设计说明,了解工程概况、技术要求。

4)按图纸目录顺序往下看,即平面图、立面图、剖面图、大样图等。

5)对建筑有了基本了解后,再具体查看建筑装饰施工图。

阅读图纸可以根据需要,自己灵活掌握,并有所侧重,有时一张图纸可反复阅读多遍。为更好地利用图纸指导施工,阅读图纸时,还应配合阅读有关施工及验收规范、质量检验评定标准等以便详细了解相关技术要求。

3. 建筑装饰施工图阅读

(1)目录阅读

通过目录看项目名称、整套图纸所含图纸名称及对应的图纸编号和图幅、设计单位名称及设计日期。

(2)设计说明阅读

看整套施工图的设计及施工依据、设计规模和范围、设计标高和定位方式、防火、防潮、防锈及隔声的处理、设备安装方式以及对吊顶工程、墙面工程及地面工程的说明。

(3)平面布置图阅读

先看图名、比例、标题栏,明白该图是什么平面图。再看建筑平面基本结构及其尺寸,把各房间名称、面积以及门窗、走廊、楼梯等的主要位置和尺寸了解清楚。然后看建筑平面结构内的装饰结构和装饰设置的平面布置等内容。要注意区分建筑尺寸和装饰尺寸。在装饰尺寸中,又要分清其中的定位尺寸、外形尺寸和结构尺寸。

(4)铺地平面图(地饰面图)阅读

通过图中对装饰面的文字说明,了解各不同的地面装饰对应的材料规格、品种、色彩和工艺制作要求,明确各装饰面结构材料与饰面材料的衔接关系与固定方式。

（5）顶棚（天花）平面图阅读

首先，应弄清楚顶棚（天花）平面图与平面布置图各部分的对应关系，核对顶棚平面图与平面布置图在基本结构和尺寸上是否相符。

对于某些有梯级变化的顶棚，要分清它的标高尺寸和线型尺寸，并结合造型平面，建立起三维空间的尺度概念。通过顶棚（天花）平面图，可以了解顶部灯具和设备设施的规格、品种和数量，通过图纸上的文字标注，了解顶棚（天花）所用材料的规格、品种及其施工要求并通过图纸上的索引符号，找出详图对照阅读，弄清楚其详细构造。

（6）室内立面图阅读

阅读室内装饰立面图时，要结合平面布置图、顶棚平面图和该室内其他立面图对照阅读，按房间顺序识读室内立面图。对照平面布置图中明确该墙面位置有哪些固定家具和室内陈设来看其在立面图上的标识，并注意其定形、定位尺寸，同时要注意墙面装饰造型及装饰面的尺寸、范围、选材、颜色及相应做法及立面标高、其他细部尺寸、索引符号等。

（7）装饰详图阅读

室内装饰空间通常由三个基面构成：顶棚、墙面、地面。这三个基面经过装饰设计师的精心设计，再配置风格协调的家具、绿化与陈设等，营造出特定气氛和效果，这些气氛和效果的营造必须通过细部做法及相应的施工工艺才能实现，实现这些内容的重要技术文件就是装饰详图。

1）墙（柱）面装饰剖面图

墙（柱）面装饰剖面图主要用于表达室内立面的构造，墙（柱）面装饰剖面图通常从下往上阅读，先看楼地面与踢脚线节点、中间段墙（柱）面节点的变化和墙（柱）面与顶部节点的处理方法，再看墙（柱）面在分层做法、选材、色彩上的要求和装饰基层的做法、选材等内容，如墙面防潮处理、木龙骨架、基层板等。

如果墙（柱）面装饰剖面图构造层次复杂、凸凹变化及线角较多时，还应配合阅读其配置分层构造说明和相应的节点详图。同时识读时应注意墙（柱）面各节点的凹凸变化、竖向设计尺寸与各部位标高。

2）顶棚详图

首先，要对照平面布置图，看清楚所画顶棚位置，了解该图的剖切位置和剖视方向。再看吊顶底面标高及顶角线和灯槽等的尺寸。顶棚详图可以先从吊顶的做法开始看。先看吊点和吊筋，再按照主龙骨、次龙骨、基层板和饰面的顺序来进行识图，在平面有变化的地方，如造型，灯槽与墙体的连接处，注意其工艺和所选用的材料类型和尺寸。

3）楼地面详图

楼地面在装饰空间中是一个重要的基面，要求其表面平整、美观，并且强度和耐磨性要好，同时兼顾室内保温、隔潮等要求，做法、选材、样式非常多。楼地面详图一般由局部平面图和断面图组成。

A. 局部平面图。局部平面图一般是为了进一步表达地面拼花造型而绘制。阅读时就先注意其图案在所对应平面图上的位置，当图形不在正中时应注意其定位尺寸，再细看图上标注的图案的尺寸、角度，以及所用的材料类型、名称及相关的文字说明。

B. 断面图。断面图一般用来表示地面的分层构造，在阅读时，按照画图的方式，先看粗实线所标明的楼板结构线在哪，然后对照分层构造引出线，查看地面每一层的材料、厚度及做法等。

二、优缺点分析

按照上述阅读方法，让学生通过阅读准备好的图纸，分析所读的施工图设计中的优点和缺点及对设计中的不足有何改正建议。

第二节　建筑装饰施工图设计

一、建筑装饰施工图设计概述

建筑装饰设计就是通过物质、技术手段和艺术手段，为满足人们生产、生活活动的物质需求和精神需求而进行的建筑室内外空间环境的创造活动。

建筑装饰设计的任务就是根据建筑物的使用性质，通过分析建筑空间的使用功能、环境、建设标准、物质技术条件等多个因素，综合运用工程技术手段（材料、设备、构造方法、施工工艺等）和艺术手段（均衡、比例、节奏、韵律等形式美的法则），创造出满足人们生产、生活活动的物质功能和精神功能要求的室内外空间环境。

建筑装饰工程涉及面较宽，如门窗、楼地面层、内外墙柱表面、顶棚、隔断和楼梯等都包括在装饰业务之内，而且细致到增强建筑感染力的照明、陈设、绿化等，都要精心地加以装饰，并由此产生装饰的整体效果。它不仅与建筑有关，也与各种钢、铝、木结构有关，还与家具及各种配套产品有关。

装饰施工图是在装饰设计方案的基础上，结合环境艺术设计的要求，用于表达建筑内（外）墙、顶棚、地面的造型与饰面以及美化配置、灯光配置、家具配置等内容的图样。它既反映了墙、地、顶棚三个界面的装饰结构、造型处理和装修做法，又图示了家具、织物、陈设、绿化等的布置，是建筑装饰施工、室内家具和设备的制作、购置和编制装饰工程预算的依据。

建筑装饰工程图由效果图、建筑装饰施工图和室内设备施工图组成。建筑装饰施工图分基本图和详图两部分。基本图包括装饰平面图、装饰立面图、装饰剖面图，详图包括装饰构配件详图和装饰节点详图。

二、建筑装饰施工图设计的方法和步骤

根据建筑装饰设计的内容，建筑装饰设计一般可以分为四个阶段，即设计准备阶段、方案设计阶段、施工图设计阶段以及实施阶段。

建筑装饰施工图设计文件应明确施工做法（包括节点大样），制定技术措施，选定装饰材料、装饰配置、饰品以及技术措施，解决技术问题，协调与其他相关专业之间的关系，提供申报有关部门审批的必要文件，并以此作为工程的现场施工以及设备、装饰配置、饰品安装的依据性文件，能根据其编制施工图预算和施工招标之用，能作为工程验收时作为竣工图的基础性文件。

1. 建筑装饰施工图设计准备工作

（1）明确装饰工程施工图的设计与绘图顺序。

装饰工程施工图的设计工作一般先从平面布置图开始，然后着手顶棚平面图、室内立面图、装饰详图等的绘制。

（2）明确工程对象的空间尺度和体量大小，确定比例、选择图纸的幅面大小。

当确定了绘图顺序后，根据所绘图样的要求确定绘图比例和图纸幅面。

一套图纸的图幅大小一般不宜多于两种，不含目录及表格所采用的 A4 幅面。

（3）注意布图以及图样之间的对应关系。

通常情况下，装饰施工图应按基本投影图的布局来布置图面。在绘制工装装饰设计室内立面图时，通常将对应的平面图布局在立面图的上方，以利于对应绘制，同时也便于识读。当一张图纸只能布置一个图样时，一般将图样居中布置。

2. 建筑装饰施工图设计

（1）建筑装饰平面布置图绘制步骤

第一步：取适当比例，绘制墙体（柱）、门窗、楼梯构（配）件等建筑结构类部件。

第二步：布置家具、设备，画出各功能空间的家具、陈设、隔断、绿化等的形状、位置。

第三步：标注内、外尺寸线及装饰尺寸，如隔断、固定家具、装饰造型等的定形、定位尺寸。绘制内视投影符号、详图索引符号及标高符号等。

第四步：检查并加深、加粗图线。剖切到的墙柱轮廓、剖切符号用粗实线，未剖到但能看到的图线，如门扇开启符号、窗户图例、楼梯踏步、室内家具及绿化等用细实线表示。

第五步：注写文字说明、图名比例等。

（2）铺地平面图绘制步骤

第一步：画出建筑主体结构，画出楼地面面层分格线和拼花造型等（家具、内视投影符号等省略不画）。

第二步：标注分格和造型尺寸。将不同材料用图例区分，并加引出说明，标明材料名称、所选用的规格及尺寸。

第三步：标注图名比例，如有详图，加上详图索引符号。

第四步：检查并加深、加粗图线，楼地面分格用细实线表示。

（3）顶棚平面图绘制步骤

第一步：画出建筑主体结构，画出顶棚的造型轮廓线、灯饰、空调风口等设施。

第二步：标注尺寸和相对于本层楼地面的顶棚底面标高。

第三步：画详图索引符号，标注说明文字、图名比例。

第四步：检查并加深、加粗图线。其中墙柱轮廓线用粗实线、顶棚及灯饰等造型轮廓用中实线、顶棚装饰及分格线用细实线表示。

（4）室内立面图绘制步骤

第一步：画出楼地面、楼盖结构、墙柱面的轮廓线。

第二步：画出墙柱面的主要造型轮廓。画出上方顶棚的剖面和可见轮廓。

第三步：检查并加深、加粗图线。其中室内周边墙柱、楼板等结构轮廓用粗实线，顶棚剖面线用粗实线，墙柱面造型轮廓用中实线，造型内的装饰及分格线以及其他可见线用细实线。

第四步：标注尺寸，相对于本层楼地面的各造型位置及顶棚底面标高。

第五步：标注详图索引符号、剖切符号、说明文字、图名比例。

（5）装饰详图绘制步骤

1）墙（柱）面装饰图画法

第一步：根据所画图例大小，选择合适比例、定图幅。

第二步：画出墙、梁、柱和吊顶等的结构轮廓。

第三步：画出墙柱的装饰构造层次，如防潮层、龙骨架、基层板、饰面板、装饰线角等。

第四步：检查图样稿线并加深、加粗图线。剖切到的建筑结构体轮廓用粗实线，装饰构造层次用中实线，材料图例线及分层引出线等用细实线。

第五步：标注尺寸，相对于本层楼地面的墙柱面造型位置及顶棚底面标高。

第六步：标注详图索引符号、说明文字、图名比例。

2）顶棚详图

第一步：根据所画图例大小，选择合适比例、定图幅。

第二步：画出吊顶面层及龙骨等主要配件的布置和安装方式。

第三步：标注出材料引出线，标出材料。

第四步：检查图样稿线并加深、加粗图线。

第五步：标注说明文字、图名比例。

3）地面详图

第一步：根据所画图例大小，选择合适比例、定图幅。

第二步：画出地面分层构造详图，并根据需要可用不同图例表示。

第三步：画出分层材料引出线，写出材料及做法。

第四步：检查图样稿线并加深、加粗图线。

第五步：标注说明文字及图名比例。

三、建筑装饰施工图设计的内容和深度要求

施工图设计图纸应包括平面图、顶棚（天花）平面图、立面图和装饰详图。图纸应能全面、完整地反映装饰工程的全部内容，作为施工的依据。所有施工图上应标注项目名称、图纸名称、设计单位名称、出图日期、制图比例、图号，其中项目负责人、设计师和制图、校对、审核的相关人员均应签名，并加盖设计单位设计专用章。

1. 平面图

平面图包括所有楼层的平面布置图、墙体平面图、地面铺装图、索引图等。

以上所有平面图应包括以下内容：

（1）标明原建筑图中柱网、承重墙以及装饰装修设计需要保留的非承重墙、建筑设施、设备。轴线、编号应保持与原建筑图一致，并注明轴线间尺寸及总尺寸。

（2）标明装饰设计对原建筑变更过后的所有室内外墙体、门窗、管井、电梯和自动扶梯、楼梯和疏散楼梯、平台和阳台等位置和需要的尺寸，并标明楼梯的上下方向。

（3）标明固定和活动设施的装饰造型、隔断、构件、家具、卫生洁具、照明灯具、花台、水池、陈设以及其他固定装饰配置和部品的位置；必要时可将尺寸标注在平面图内。

（4）标注门、窗、橱柜或其他构件的开启方向和方式。

（5）标注空间的名称、各部位的尺寸，装饰装修完成后的楼层地面、主要平台、卫生间、厨房等有高差处的设计标高。

（6）标注相应的索引号和编号、图纸名称和图纸绘制比例。

1）平面布置图。规模较大的项目其平面布置图除上述内容外，还可包括家具布置图、软装及艺术品布置图、卫生洁具布置图、电气设施布置图、防火布置图等图纸。

2）地面铺装图。除上述平面图所表达的内容外，还应表达以下内容。

A. 标注地面装饰材料种类、拼接图案、不同材料的分界线。

B. 标注地面装饰的定位尺寸、标准和异形材料的尺寸、施工做法。

C. 标注地面装饰嵌条、台阶和梯段防滑条的定位尺寸、材料种类及做法。

D. 如果建筑单层面积较大，可单独绘制一些房间和部位的局部放大图，放大的地面铺装图应标明其在原来平面中的位置。

3）索引图。规模较大或设计复杂的装饰设计需单独绘制索引图。图上应注明所有立面、剖面、局部大样和节点详图的索引符号及编号，必要时可增加文字说明帮助索引。

2. 顶棚平面图。顶棚平面图应包括所有楼层的顶棚布置图、顶棚定位图等。规模较大的工程还应包括顶棚灯具及设施定位图等。

所有顶棚平面图应共同包括以下内容：

（1）标注柱网和墙体、轴线和编号、轴线间尺寸和总尺寸。

（2）标注室内外墙体、门窗、管井、电梯和自动扶梯、楼梯、消防卷帘、雨棚、阳台和天窗等在顶棚部分的位置和关系，注明必要部位的名称。

（3）标注照明灯具、装饰造型以及顶棚上其他装饰配置和部件的位置，并注明主要尺寸。

（4）标注顶棚上装饰材料与材料的拼接线。

（5）标注顶棚设计标高。

（6）标注相应索引符号和编号、图纸名称和图纸绘制比例。

1）顶棚布置图。除了表达上述内容外，还应分别表达以下内容：

A. 标注顶棚上主要装饰材料名称和做法。

B. 列表说明照明灯具的种类、型号（也可在设计及施工说明中列表阐述）。

2）顶棚定位图。应标注顶棚装饰造型、照明灯具以及顶棚上其他装饰配置和部件尺寸和间距等。

3）顶棚灯具及设施定位图。应标明应急照明灯具、空调风口、喷头、探测器、扬声器、挡烟垂壁、防火挑檐、疏散和指示标志牌等的位置，标注定位尺寸、材料、产品型号和编号等。

3. 立面图

立面图应表示出以下内容：

（1）标明立面范围内的轴线和编号，标注之间的外包尺寸。

（2）标明立面左右两端内墙线以及上下两端的地面线、原有楼板线、装饰设计顶棚造型线等。

（3）标注顶棚剖切部位及其他相关尺寸，标注地面标高、建筑层高和顶棚净高尺寸。

（4）绘制墙面和柱面、装饰造型、固定隔断、固定家具、装饰配置和部品、门窗、栏杆、台阶等的位置和做法，标注定位及其他相关所有尺寸。可移动的家具、艺术品陈设、装饰部品及卫生洁具等一般无需绘制。

（5）标注立面上装饰材料或构件等的名称及其分割尺寸、材料拼接线的定位尺寸等。

（6）标注立面上灯饰、电源插座、通讯和电视信号插孔、开关、按钮、消火栓等的位置及定位尺寸，标明材料、产品型号和编号、施工做法等。

（7）标注索引符号和编号、图纸名称和图纸绘制比例。

（8）对造型特殊或需要详细表达的部位可单独绘制局部立面大样，图纸表达应符合上述规定。

4. 装饰详图

（1）剖面图

剖面图应表示出以下内容：

1）轴线、轴线编号、轴线间尺寸和外包尺寸。

2）剖切部位的楼板、梁、墙体等结构部分应按照原建筑图绘制，标注地面标高、顶棚标高、顶棚净高及各层层高等尺寸。

3）剖面图中可视的墙柱面应按照其立面内容绘制，标注立面的定位尺寸和其他相关尺寸，注明装饰材料名称和做法。

4）绘制顶棚、天窗等剖切部分的位置和关系，标注定位尺寸和其他相关尺寸，注明装饰材料名称和做法。

5）标明剖切部位装饰结构各组成部分以及这些组成部分与建筑结构之间的关系，标注详细尺寸、标高、材料名称、连接方式和做法。

6）标注索引符号和编号、图纸名称和图纸绘制比例。

（2）节点详图

节点详图应以大比例绘制，通常应包括以下内容：

1）标明节点处内部组成部分的结构形式，绘制原有建筑结构、面层装饰材料、隐蔽装饰材料、支撑和连接材料及构配件以及它们之间的相互关系，标注所有材料、构件、配件等的详细尺寸、产品型号、做法和施工要求。

2）标明装饰材料之间的连接方式、连接材料、连接构件等，标注装饰材料的收口、封边以及详细尺寸和做法。

3）标注装饰材料名称、详细尺寸和做法。

4）标明设备和设施的安装及固定方法，确定收口或收边方式，标注详细尺寸、收口或收边材料名称和做法。

5）标注索引符号和编号、节点名称和图纸绘制比例。

四、建筑装饰施工图设计

参考项目二，完成施工图设计

建筑装饰施工图设计教学时间参考：

序号	实训内容	课时安排	
		课内	课外
1	住宅地面的分层构造做法	3	12
2	框架柱的装饰立面图及节点详图设计	6	12
3	客厅某一方向立面草图及剖面绘制	6	12
4	顶棚剖面图草图及节点详图设计	9	18
5	设计图纸答辩	3	0

五、附图

附图—某住宅装饰施工图

目 录

序号	内容	页码
1	21号楼标准层平面布置图	161
2	21号楼标准层墙体定位图	162
3	21号楼标准层地面布置图	163
4	21号楼标准层顶棚布置图	164
5	21号楼标准层顶棚尺寸图	165
6	客厅A、C立面图	166
7	客厅B、D立面图	167
8	餐厅A、B、C、D立面图	168
9	厨房A、B、C、D立面图	169
10	主卧A立面图 主卧C立面图	170
11	主卧B立面图 主卧D立面图	171
12	孩卧A立面图 孩卧C立面图	172
13	孩卧B立面图 孩卧D立面图	173
14	书房A、B、C、D立面图	174
15	主卫A、B、C、D立面图	175
16	卫生间A立面图 卫生间C立面图	176
17	卫生间B-1、B-2立面图 卫生间D-1、D-2立面图	177
18	走廊B立面图 走廊D立面图	178
19	各种地面材料交接处节点详图	179
20	各种门横纵剖面节点详图	180
21	洗脸台盆节点详图	181
22	主卧床背景墙剖面节点详图	182

附图1 某住宅装饰图目录

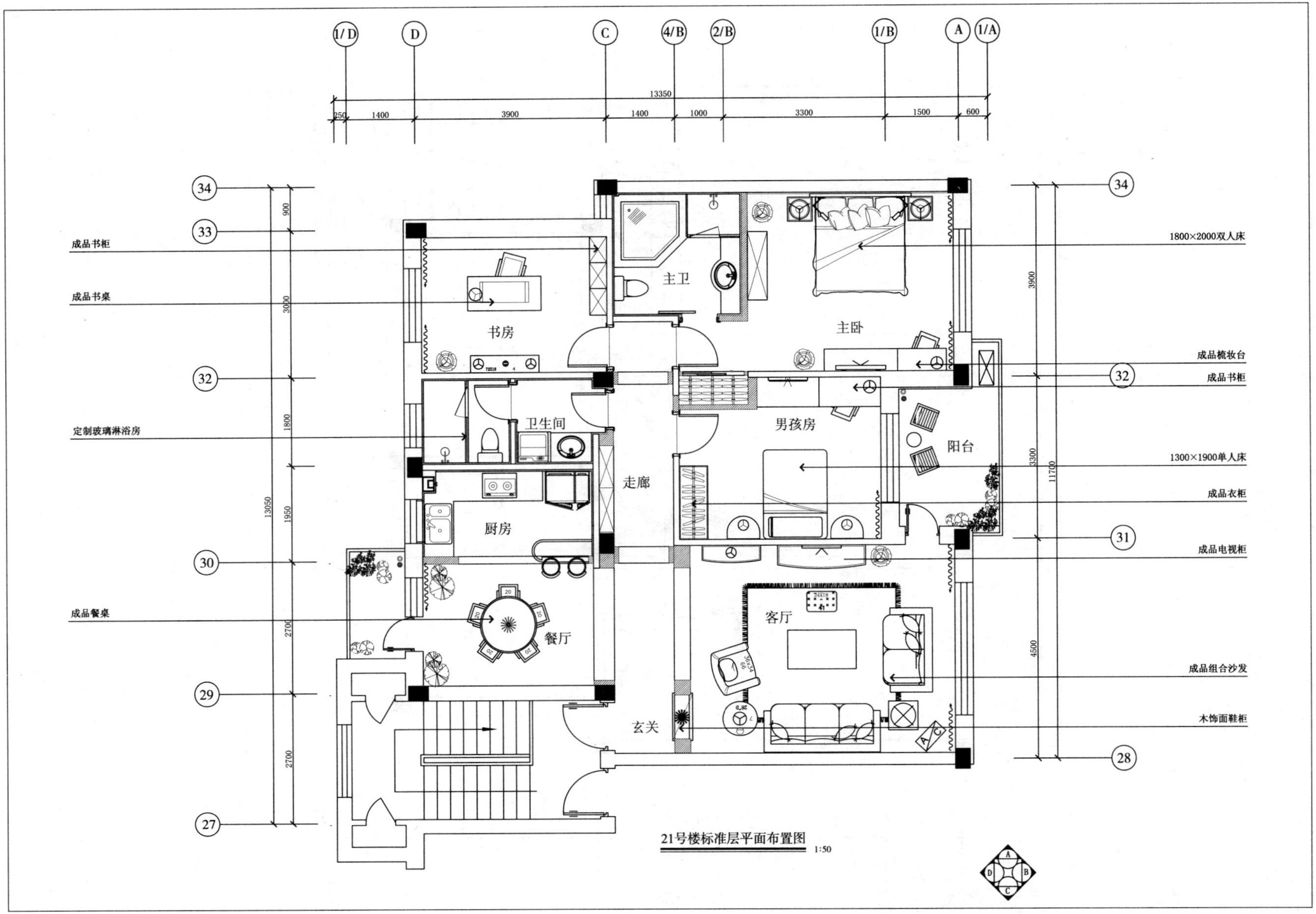

附图 2　某住宅室内装饰设计平面布置图

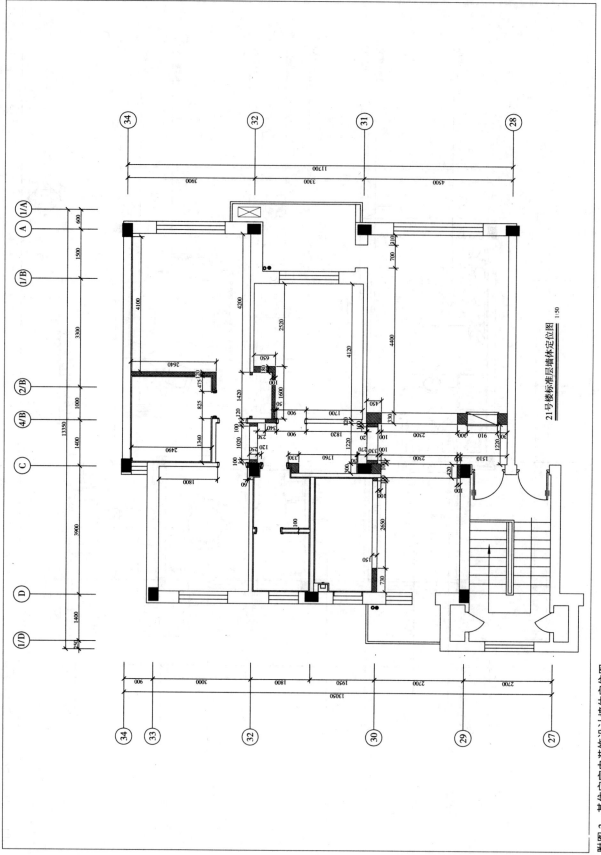

附图3 某住宅室内装饰设计墙体定位图

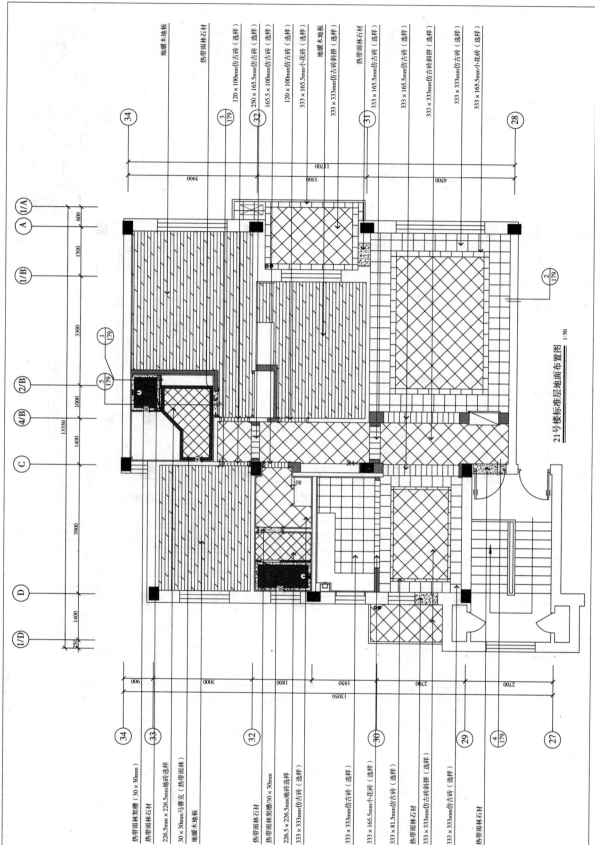

附图 4　某住宅室内装饰设计地面布置图

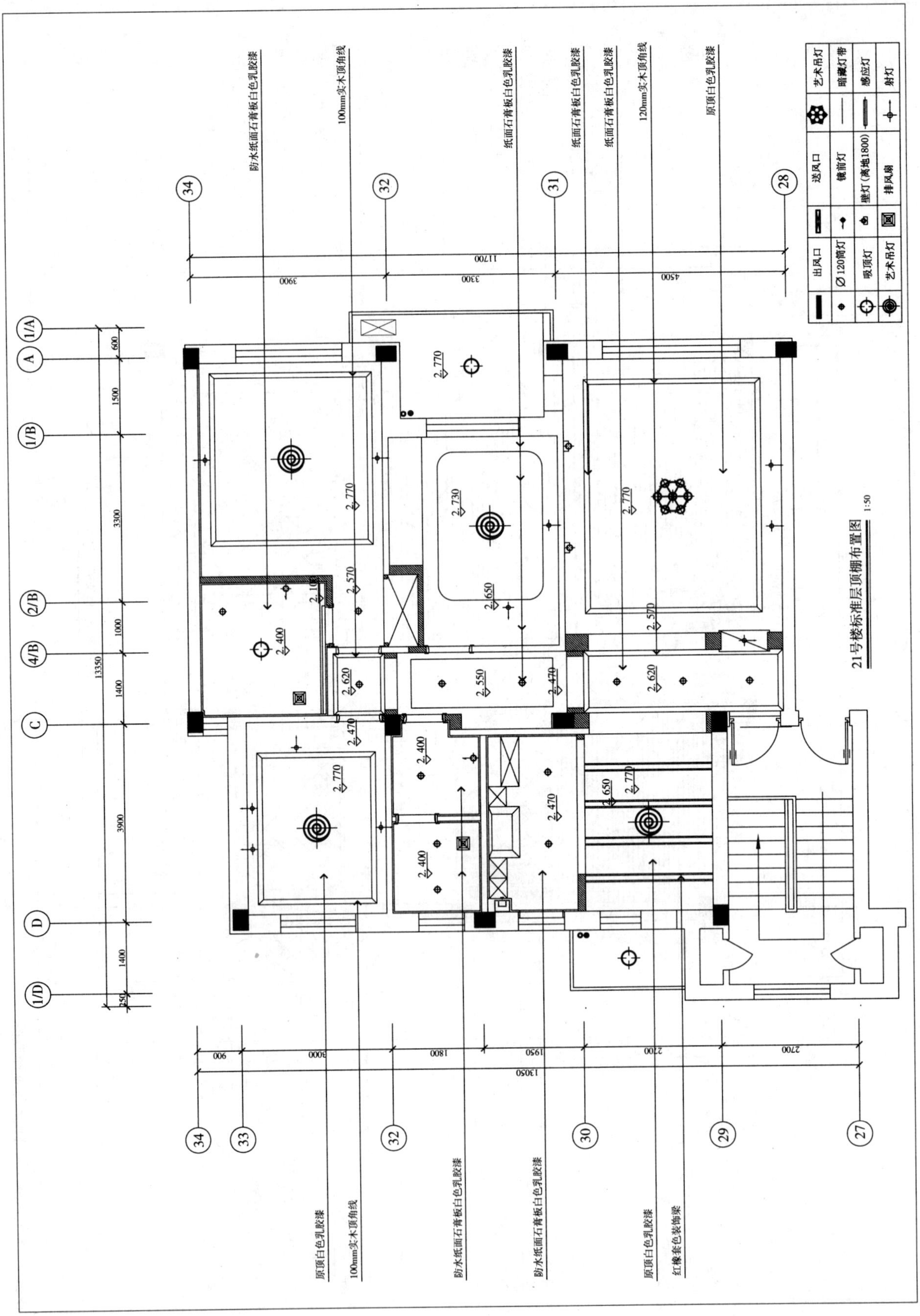

附图 5　某住宅室内装饰设计顶棚布置图

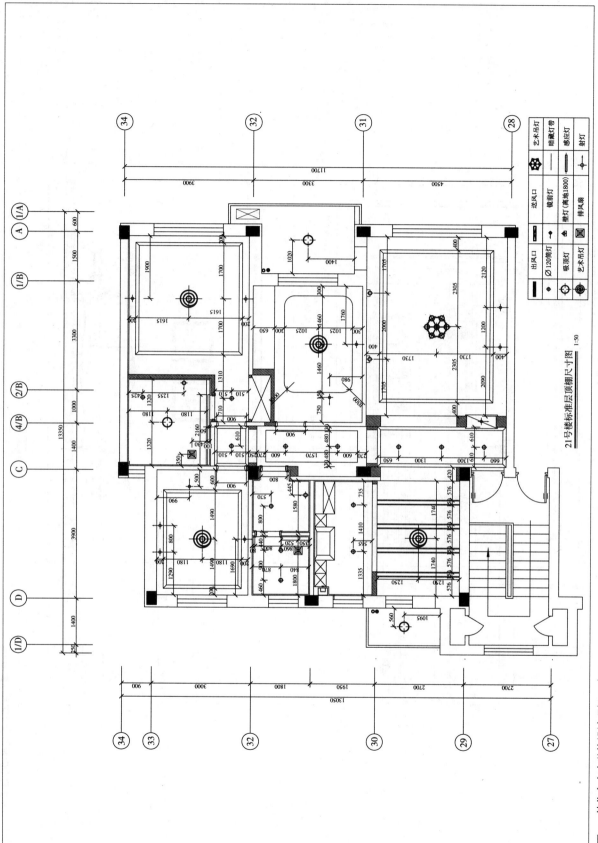

附图 6 某住宅室内装饰设计顶棚尺寸图

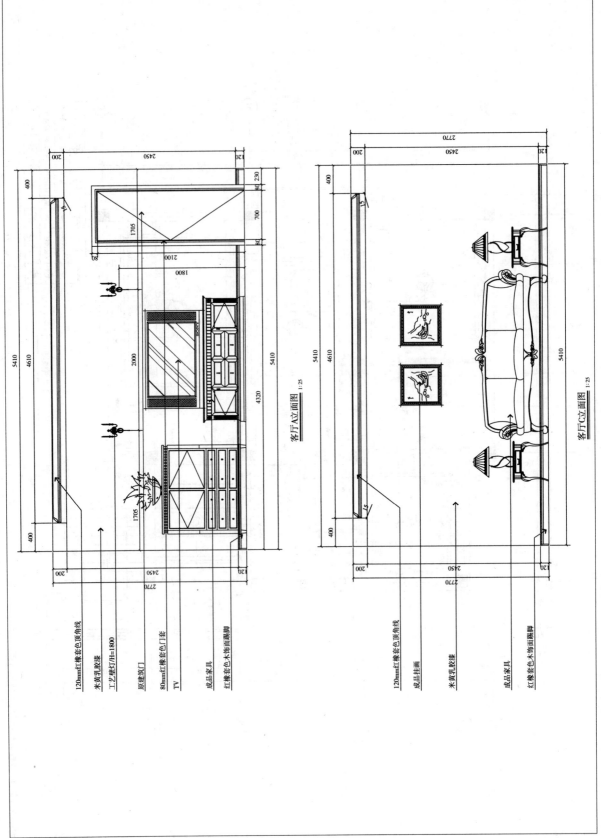

附图 7 某住宅室内装饰设计客厅立面图 1

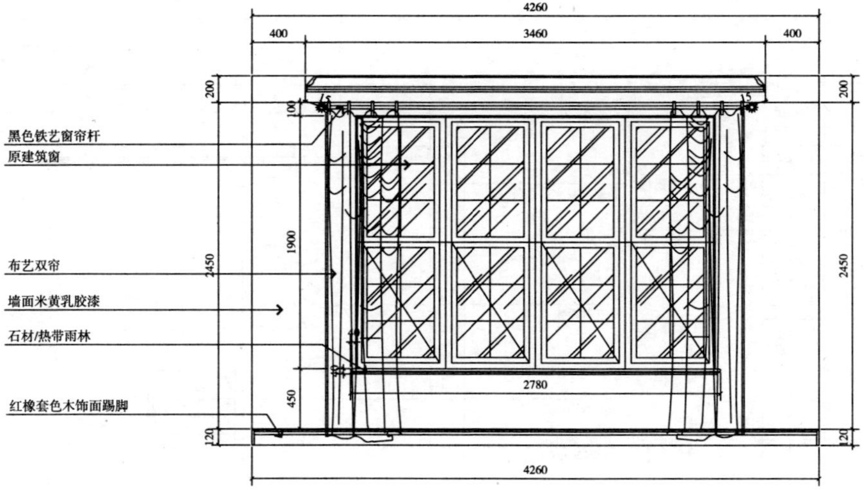

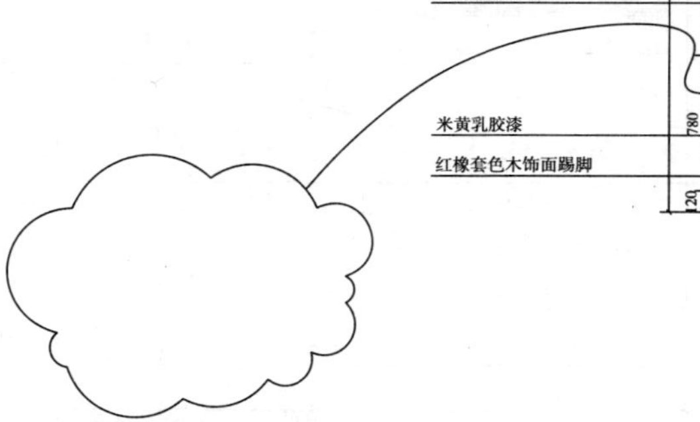

附图 8　某住宅室内装饰设计客厅立面图 2

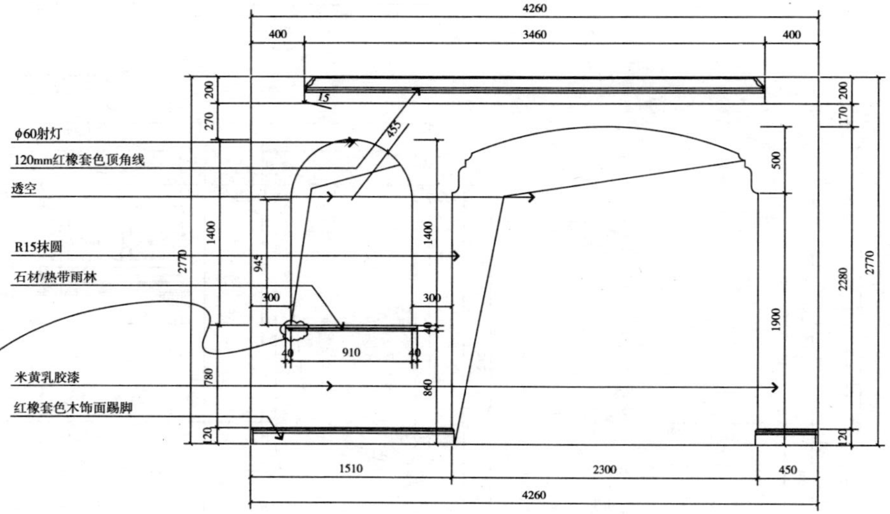

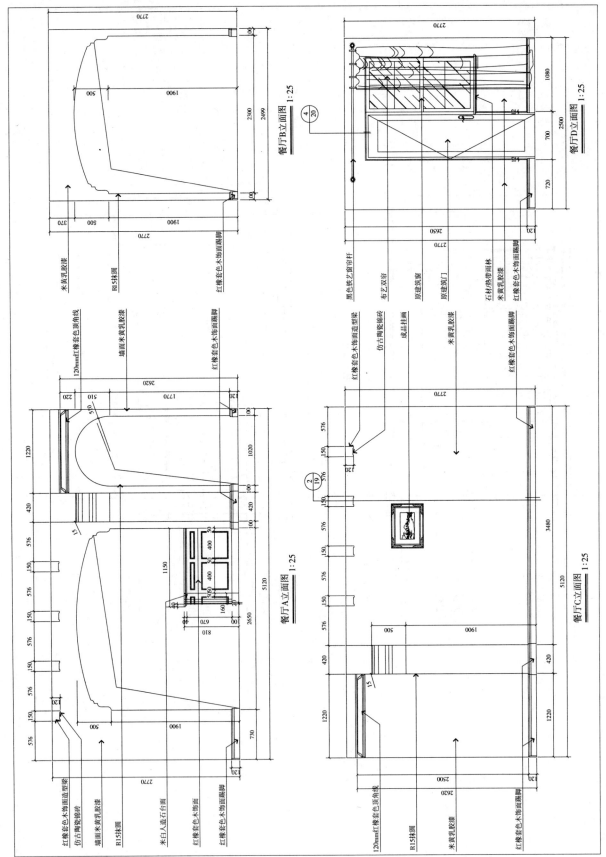

附图9 某住宅室内装饰设计餐厅立面图

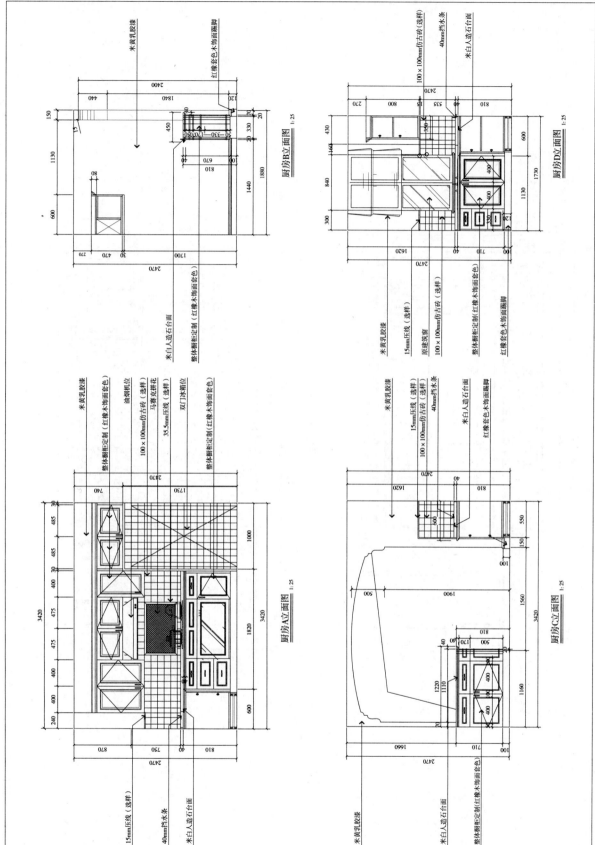

附图10 某住宅室内装饰设计厨房立面图

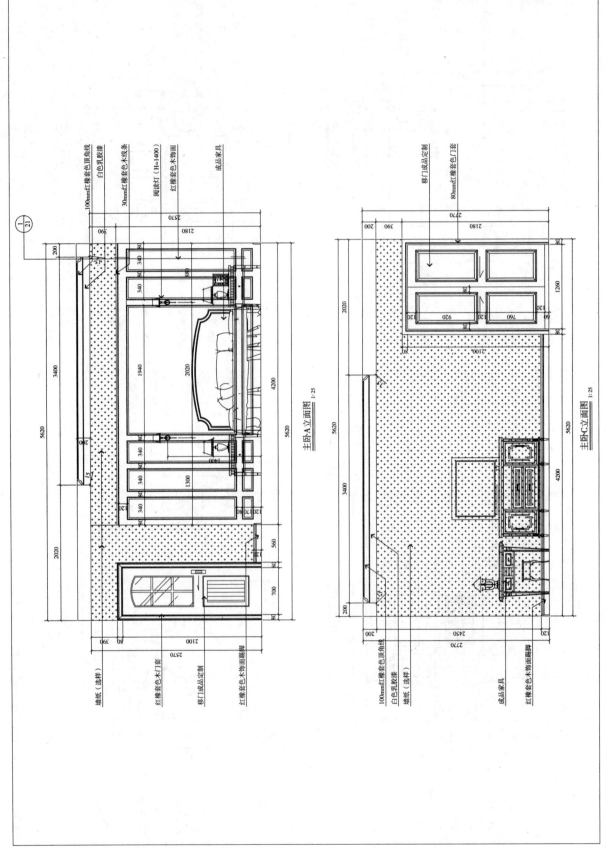

附图 11 某住宅室内装饰设计主卧立面图 1

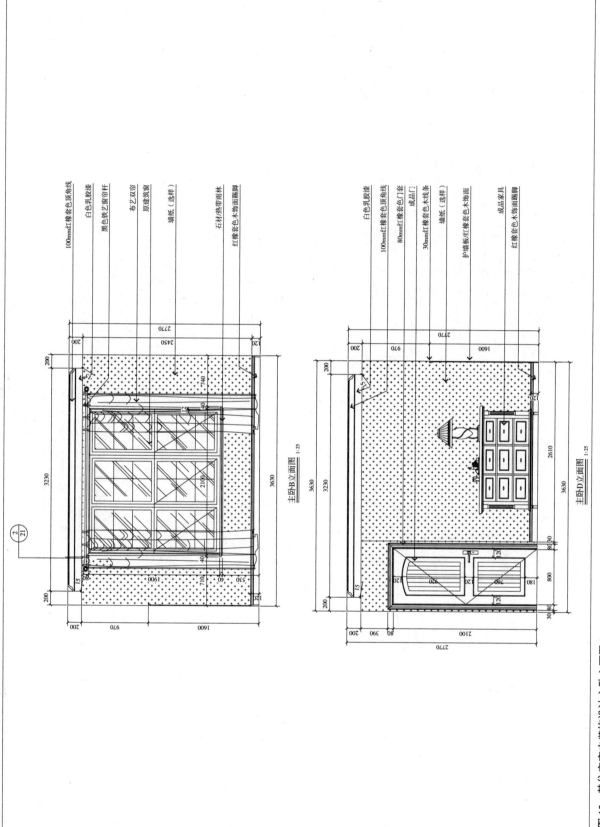

附图12 某住宅室内装饰设计主卧立面图2

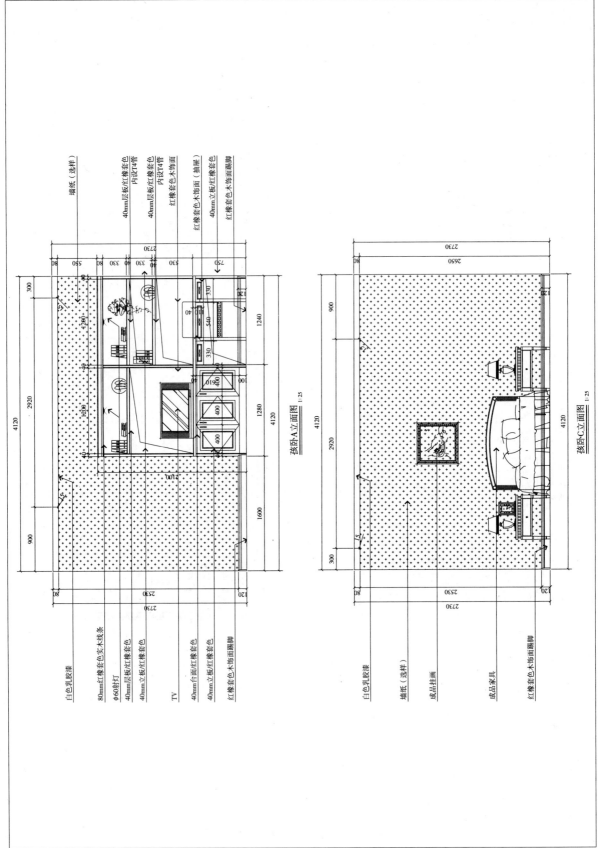

附图 13　某住宅室内装饰设计孩卧立面图 1

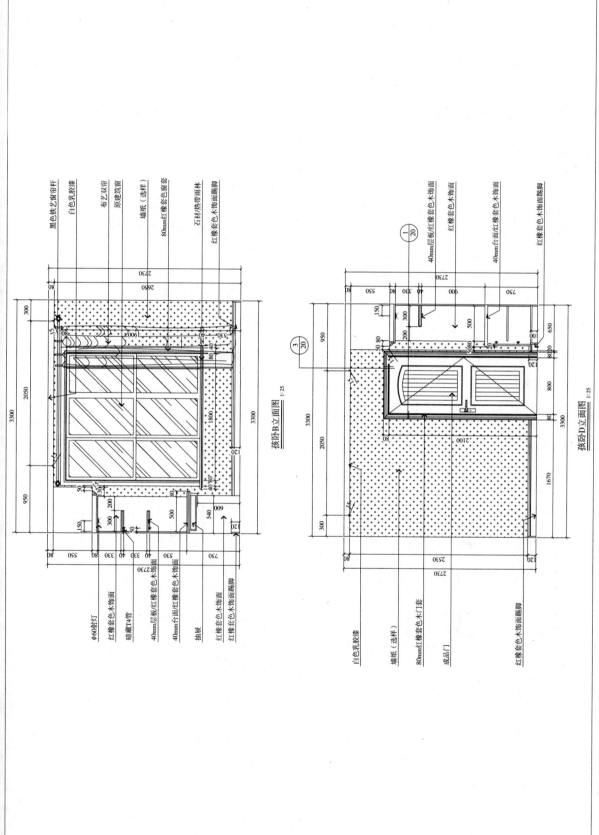

附图14 某住宅室内装饰设计孩卧立面图2

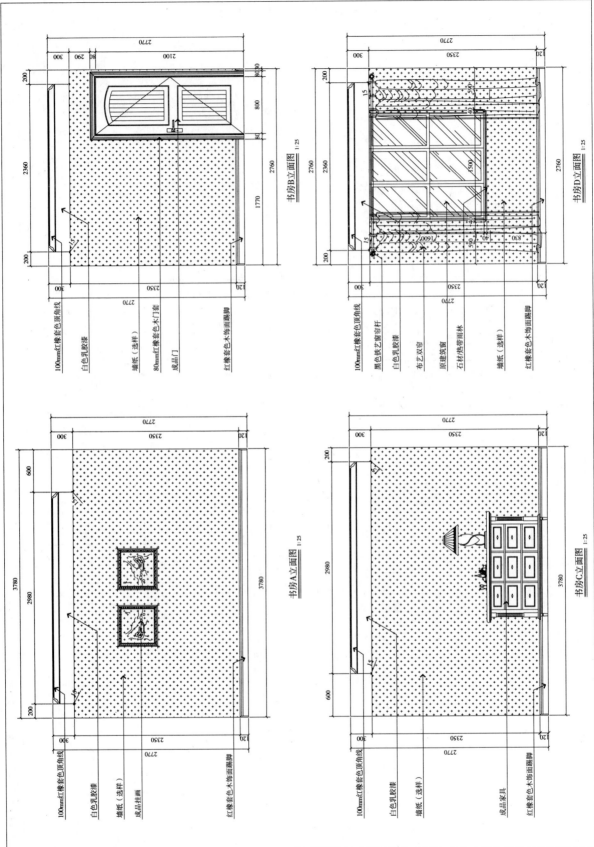

附图15 某住宅室内装饰设计书房立面图

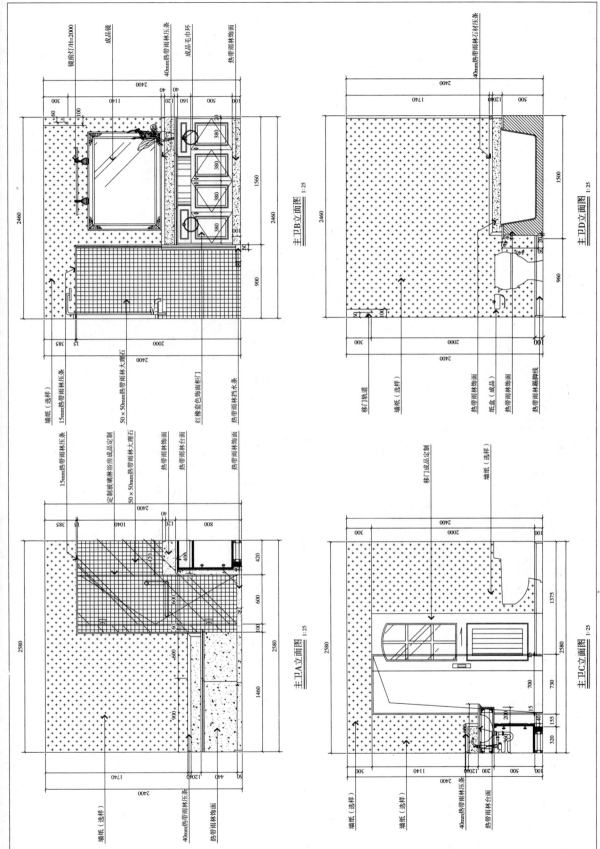

附图16 某住宅室内装饰设计主卫立面图

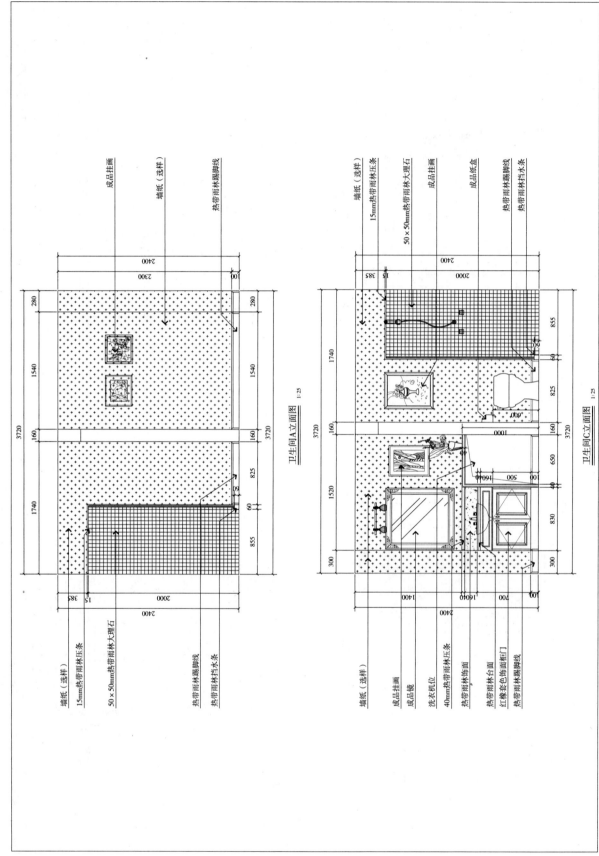

附图17 某住宅室内装饰设计卫生间立面图1

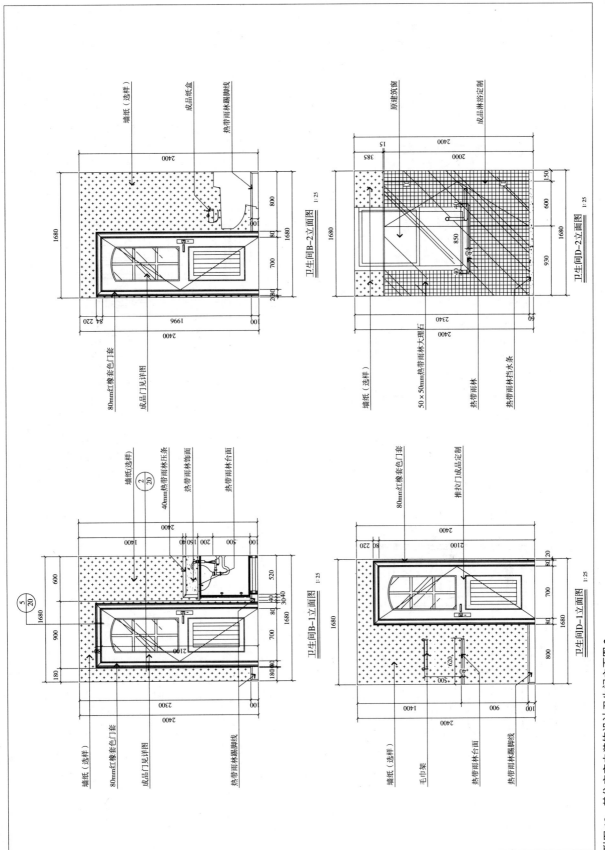

附图 18 某住宅室内装饰设计卫生间立面图 2

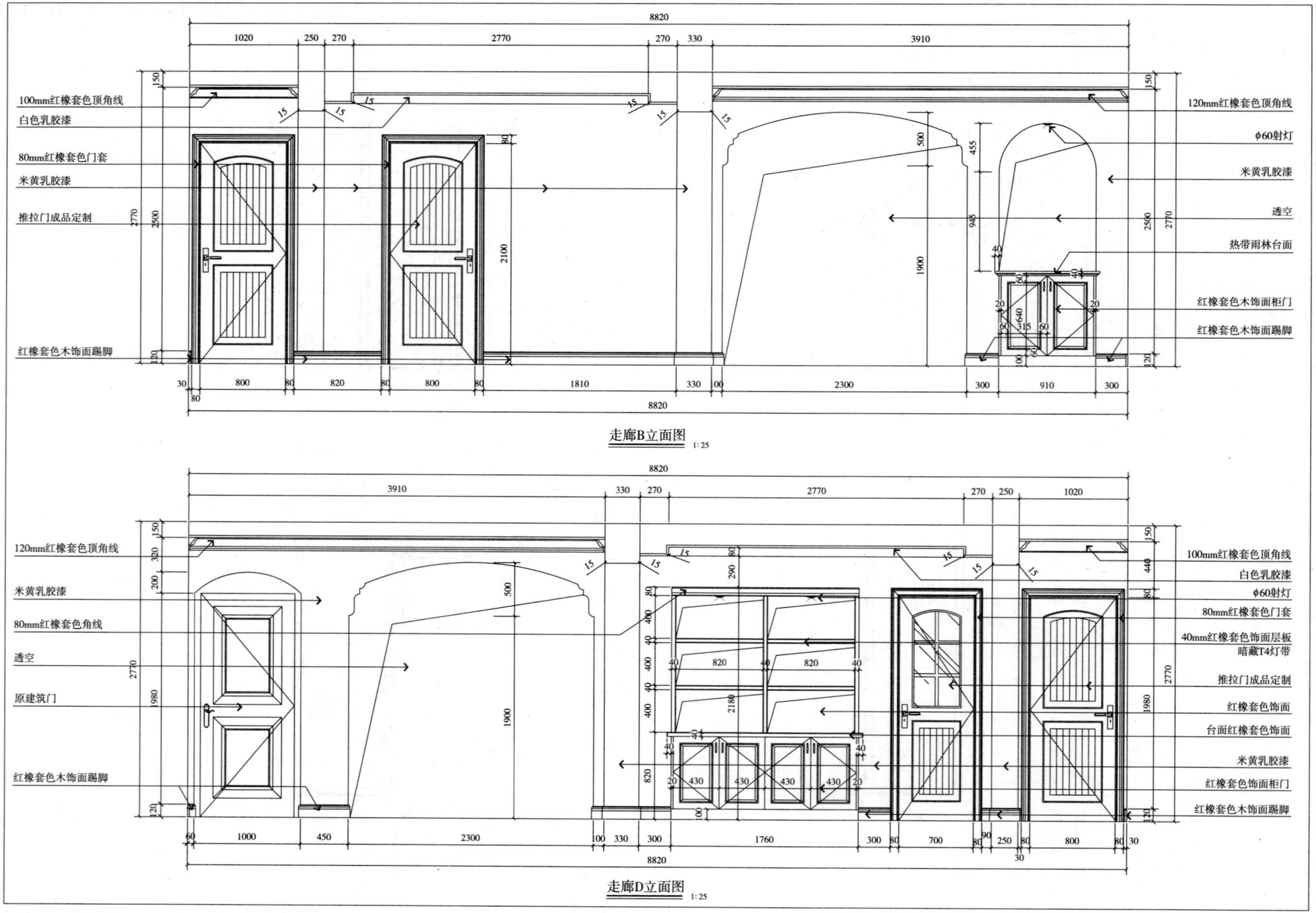

附图19　某住宅室内装饰设计走廊立面图

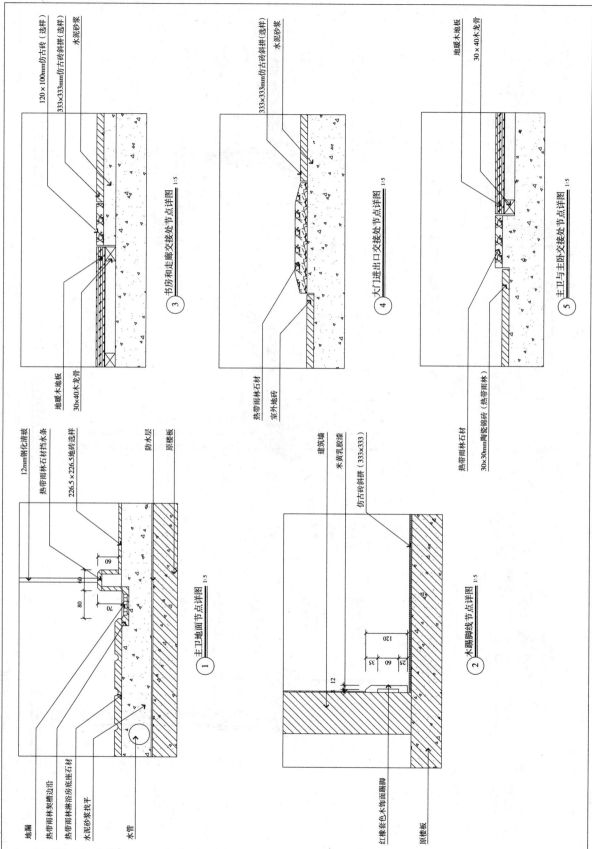

附图20 某住宅室内装饰设计节点详图1

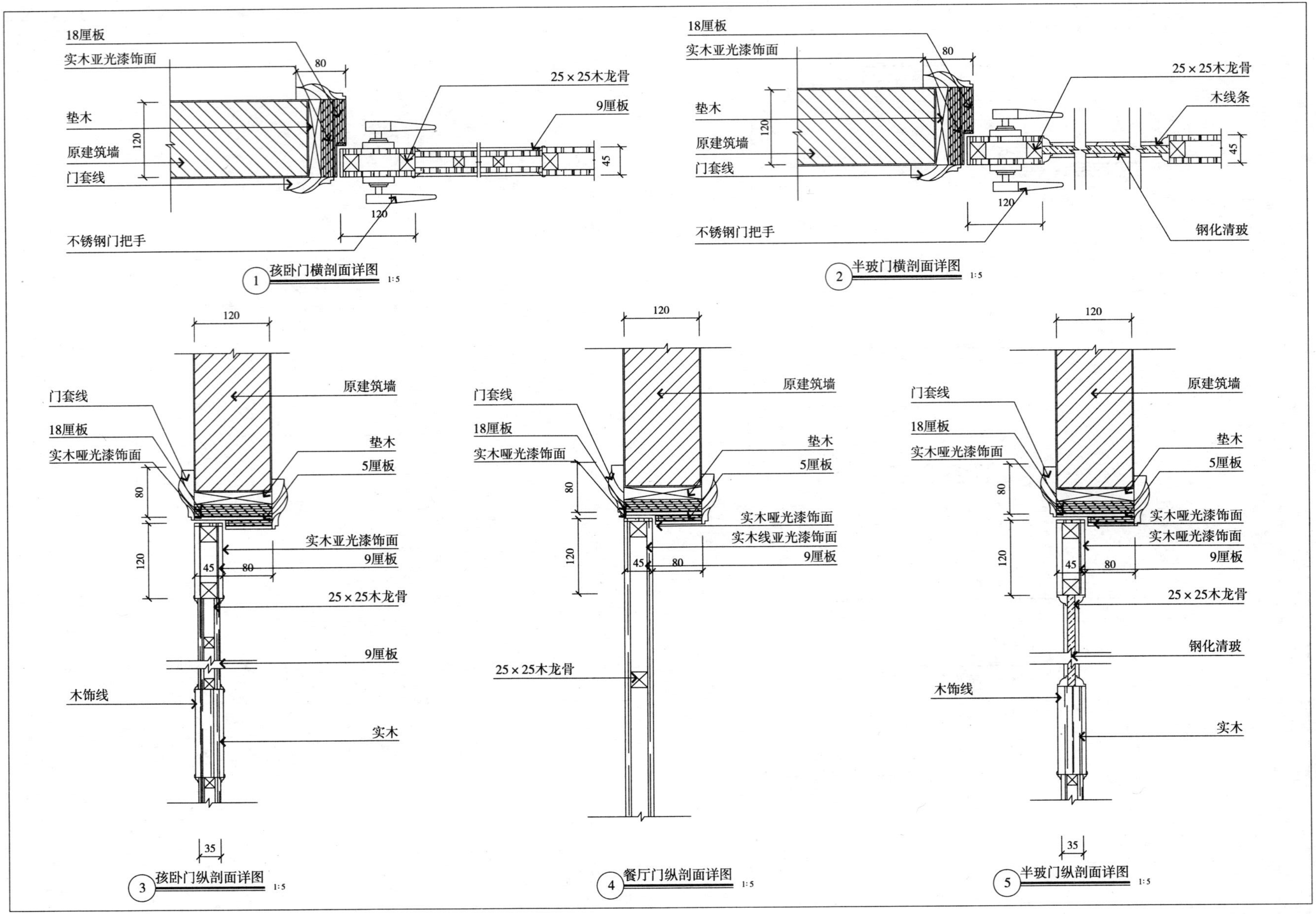

附图 21 某住宅室内装饰设计节点详图 2

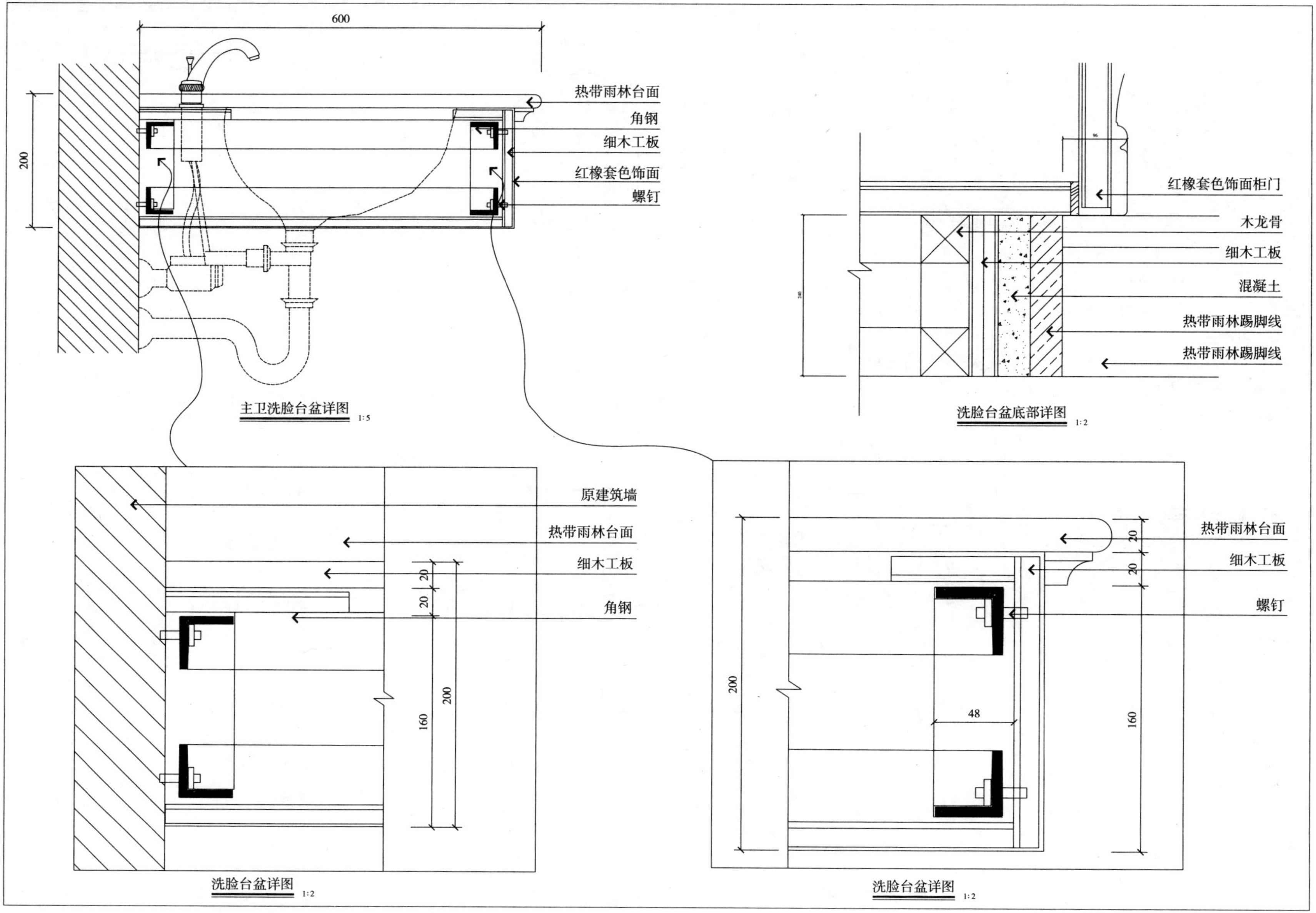

附图 22　某住宅室内装饰设计节点详图 3

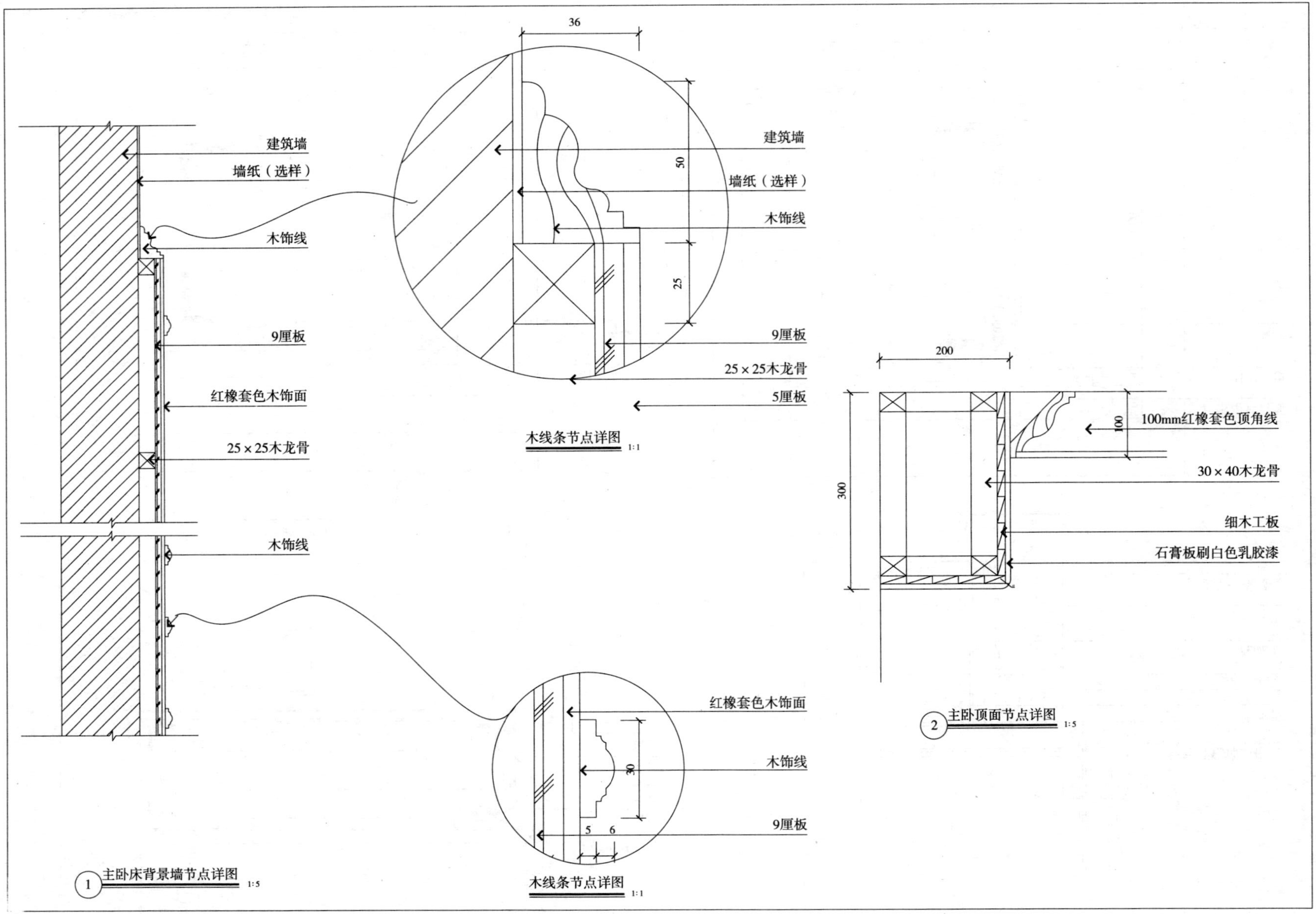

附图 23　某住宅室内装饰设计节点

主要参考文献

[1] 陈世霖. 建筑工程设计施工详细图集. 北京：中国建筑工业出版社，2002.

[2] 柳惠训. 建筑工程设计施工详细图集. 北京：中国建筑工业出版社，2001.

[3] 薛健. 装修设计与施工手册. 北京：中国建筑工业出版社，2004.

[4] 李朝阳. 装修构造与施工图设计. 北京：中国建筑工业出版社，2005.

[5] 高祥生. 装饰构造图集. 南京：江苏科学技术出版社，2001.

[6] 高祥生. 现代建筑楼梯设计精选. 南京：江苏科学技术出版社，2000.

[7] （英）艾伦·布兰克. 楼梯——材料·形式·构造. 北京：中国水利水电出版社，2005.

[8] 谷云端. 建筑室内装饰工程设计施工详细图集. 北京：中国建筑工业出版社，2002.

[9] 杨南方. 建筑装饰施工. 北京：中国建筑工业出版社，2005.

[10] 武峰. CAD室内设计施工图常用图块丛书. 北京：中国建筑工业出版社，2001.

[11] （美）弗朗西斯 D·K·程. 房屋建筑图解. 北京：中国建筑工业出版社，2004.

[12] 杨天佑. 简明装饰装修施工与质量验收手册. 北京：中国建筑工业出版社，2004.

[13] 韩建新. 建筑装饰构造. 北京：中国建筑工业出版社，2004.

[14] 冯美宇. 建筑装饰装修构造. 北京：机械工业出版社，2004.

[15] 赵志文，张吉祥. 建筑装饰构造. 北京：北京大学出版社，2009.

[16] 刘超英. 建筑装饰装修构造与施工. 北京：机械工业出版社，2008.

[17] 王汉立. 建筑装饰构造. 武汉：武汉理工大学出版社，2006.

[18] 周英才. 建筑装饰构造. 北京：科学出版社，2003.

[19] 王潍梁. 建筑装饰材料与构造. 合肥：合肥工业大学出版社，2004.

[20] 建筑装饰制图网络课程. 九江职业技术学院.

[21] 贺道明，危道军编. 建筑装饰专业综合实训［M］. 武汉：武汉理工大学出版社，2006.

[22] 焦涛，李捷编著. 建筑装饰设计［M］. 武汉：武汉理工大学出版社，2010.

[23] 建筑装饰施工图设计. 内蒙古建筑职业技术学院精品课程.

[24] 江苏省建筑装饰装修工程设计文件编制深度规定.

[25] 福建省建筑装饰装修工程设计文件编制深度规定.